DATANMI ZHILU

大探秘之旅

神秘的百慕大三角

SHENMI DE BAIMUDA SANJIAO

知识达人◎编著

成都地图出版社

图书在版编目（CIP）数据

神秘的百慕大三角/知识达人编著 . —成都：成都地图出版社，2017.1（2021.10 重印）
（大探秘之旅）
ISBN 978-7-5557-0468-3

Ⅰ . ①神… Ⅱ . ①知… Ⅲ . ①百慕大—普及读物 Ⅳ . ① N871.4-49

中国版本图书馆 CIP 核字 (2016) 第 210828 号

大探秘之旅——神秘的百慕大三角

责任编辑：吴朝香

封面设计：纸上魔方

出版发行：成都地图出版社

地　　址：成都市龙泉驿区建设路 2 号

邮政编码：610100

电　　话：028 - 84884826（营销部）

传　　真：028 - 84884820

印　　刷：固安县云鼎印刷有限公司

（如发现印装质量问题，影响阅读，请与印刷厂商联系调换）

开　　本：710mm×1000mm　1/16

印　　张：8　　　　　　　字　　数：160 千字

版　　次：2017 年 1 月第 1 版　　印　　次：2021 年 10 月第 4 次印刷

书　　号：ISBN 978-7-5557-0468-3

定　　价：38.00 元

主人翁简介

卡尔大叔：华裔美国人，幽默风趣、富有超人智慧，喜欢旅游，考察世界各地的人文、地理、动植物。

尤丝小姐：华裔美国人，卡尔大叔的助理，细心、文雅。

史小龙：聪明、顽皮、思维敏捷、总是会有些奇思妙想，喜欢旅游。

主人翁简介

帅帅：喜欢旅行的小男孩，对探索未知充满了兴趣。

秀芬：乖巧、天真，偶尔耍耍小性子的女孩，很喜欢提问题。

目录

"百慕大三角，百慕大三角。"帅帅一边看书，一边自言自语。

一旁的史小龙白了他一眼，懒懒地说："你在说什么呀？"

帅帅放下手中的书，笑着道："我发现了一个神奇的地方。"

"什么地方？就是你说的百慕大三角？"史小龙问道。

"对！就是这个地方。"帅帅兴奋地说。

史小龙撇撇嘴："那里有什么神奇之处呢？"

"这你就不知道了吧？如果给全世界最神奇的地方做一个排名，那么百慕大三角绝对是名列前茅的。"帅帅说道。

"是吗？"史小龙对百慕大三角顿时有了兴趣，"真的假的？快

把你知道的都告诉我吧！"

"先给你讲这么一件事情，1929 年，一艘叫做'卡罗·迪瑞号'的船跌跌撞撞地驶进美国的北卡罗来纳港。码头上的工人看见船，打算去接收，可是当他们爬上船才发现，船上一个人也没有，船中还有刚做好的热气腾腾的面包，说明在不久之前船上是有人的，这艘船恰恰是从百慕大海域经过的，谁也不知道那些船员去了哪里。"帅帅把自己刚才在书中看到的内容对史小龙复述了一遍。

"那些人都去哪了？"在一旁一直没有说话的秀芬问道。

"不知道。"帅帅说。

史小龙嚷起来："你是不是在编故事骗我们啊？世界上怎么会有这种事情呢？那些人哪里去了，你居然说不知道，足以证明你是骗人的。"

"我没有骗人，是真的。"帅帅听到后急忙辩解道，"这是真的，很多书上都有记载的，我为什么要骗你？"

"我可以证明，帅帅没有骗人。"突然，一个声音从门口传来。

"卡尔大叔，你回来啦！"孩子们跳了起来，纷纷跑向门口。

带着一脸笑意的卡尔大叔抱了抱每个孩子，接着问："你们怎么忽然间讨论起百慕大三角来了呢？"

史小龙把帅帅的话重复了一遍，卡尔大叔沉思了一会儿，笑着说："帅帅说的没错，世界上的确有这么一个神秘的地方，而且它的神秘之处不仅仅是帅帅说的这一件事。可以说一直以来，百慕大三角经常发生各种奇异的事件，譬如轮船在那里航行，忽然之间各种通信信号全部消失，指南针方向混乱，海面卷起大风浪等等，这样的事情很

多书上都有记载。而且正如帅帅所说，那些人去哪了，或者说为什么发生了这一切，很多人都不知道，哪怕是科学家们也只是猜测那里可能发生了什么。"

帅帅听卡尔大叔替自己辩护，马上得意了起来："看吧，我说对了吧？你们居然还说我骗人。"

史小龙赶紧给帅帅道歉："对不起，帅帅，我误会你了。"

帅帅笑了笑，说："没事啦，不过我觉得我们应该让卡尔大叔好好给我们讲讲百慕大三角的故事。"

卡尔大叔点点头，说了航海家哥伦布在百慕大的故事。

在 500 多年前，也就是 1502 年，著名的航海家哥伦布在百慕大海域遭遇了恐怖而神奇的经历。那次旅行是哥伦布第四次经过百慕大海域，他打算指挥他的船只从西班牙去美洲大陆。船只在大海中顺利地航行了一个月，终于到了百慕大三角。这一天，风和日丽，海上风平浪静，航行也顺风顺水，哥伦布和水手们欣赏着大自然的美景，感到心旷神怡。

忽然之间，海面上风云突变，一时间天昏地暗、狂风大作，船只开始颤抖，那感觉就像在峡谷中航行一样。哥伦布大吃一惊，赶紧组织船员向最近的美洲的佛罗里达海岸驶去，但是这时候他发现船上所有的仪器都失灵了，罗盘指针颤动不已，完全不是指着北方。

无论船员们怎么努力调整方向，船只依旧丝毫不听从指挥，船员们筋疲力尽，再也没有任何办法，只好听天由命。

　　不过，哥伦布是幸运的，在经历了几天的恶劣天气之后，海上又恢复了平静，他们终于脱离了危险，冲出了这片可怕的海域。

　　事后哥伦布在他的航海日志中做了记载："这是我这辈子见过的最可怕的事情之一，几十米高的大浪铺天盖地地涌过来，仿佛要将船只撕碎一样，罗盘和各种仪器完全起不到作用，我们甚至无法看到太阳。"

　　哥伦布的记载是关于百慕大的记载中最为详实的记录。在众多的遇难者中，他至少活了下来，并且记录了整个经过，相比很多没有活下来的人来说，哥伦布是幸运的，这也给后人研究百慕大提供

了一个很好的资料；而那些没有活下来的人们遭遇到了什么，没有人知道，只是那连续不断的灾难事件告诉人们，他们一定在那里遇到了不可思议的事。

故事讲完了，三个孩子听得目瞪口呆，他们完全没有想到会有这么神奇的地方。

卡尔大叔笑了笑道："来吧，孩子们，让我给你们介绍一下这个神秘的地方吧。"

知识百宝箱

走遍全球的航海家

哥伦布是闻名于世界的航海家，也是发现美洲大陆的第一人。哥伦布一生都在从事航海活动，他曾先后四次出海远航，到达巴哈马群岛、古巴、多米尼加等多个地区，他所走过的地区占了地球面积的 40%。并且，他开辟了从欧洲横渡大西洋到美洲的航线，从而改变了世界历史的进程。

第二章

神奇而美丽的海域

走进卡尔大叔的工作室，尤丝小姐热情地和他们打招呼，卡尔大叔让尤丝小姐打开电脑，电子屏闪动了一下，呈现出一幅世界地图。卡尔大叔用电子笔指了一下大屏幕，地图上的一块区域扩大开来。

"你们看，这就是百慕大三角，它也被称作'百慕大魔鬼三角区'。"卡尔大叔指着屏幕上的地图说道，"我和大家说说这个名字的由来吧！相传，在 1945 年，美国的第 19 飞行中队来到百慕大三角进行特训。但令人惊奇的是，飞行中队在此领域竟然离奇地失踪了。"

"太恐怖了。"三个孩子听后瞪大了眼睛。

"这件事在当时曾引起不小的轰动，由于美国飞行中队预定的飞行线路是一个三角形，所以人们就把美国东南

沿海的大西洋上方区域，称为'百慕大三角区'或'魔鬼三角'。这个三角地区北起百慕大，延伸到美国佛罗里达州南部的迈阿密，然后通过巴哈马群岛，穿过波多黎各，到西经40°线附近的圣胡安，再折回百慕大。"卡尔大叔一边说，一边展示着资料。

百慕大群岛是由100多个岛屿组成的群岛，大大小小的珊瑚礁岛屿组成一个环形的岛链。由于墨西哥湾暖流经过这里，这里气候温和，岛上长满了各种亚热带植物，一年四季鸟语花香。而由于这个地方不靠近大陆，它也被称为"最孤独的群岛"。但因保护和开发协调得当，这里景色秀丽，是一个休闲度假的好地方。

"哇！这是一片多么辽阔而美丽的海洋啊！"秀芬惊叹道。

"你们看，这里有很多岛呢！"帅帅指着屏幕说。

"是的。在这片海洋之上，有着100多个岛屿。"卡尔大叔说。

"那么，这些岛上都有什么呢？"帅帅继续发问。

"百慕大群岛是世界上最靠北的珊瑚岛群之一，在岛上，有许多火山熔岩，也布满了小丘，最高海拔才73米。岛上没有河流和小溪，岛上的淡水完全依赖下雨。岛屿的海岸线都是由连续的淡桃红色珊瑚沙滩形成的小

海滩组成的。在岛上生长着丰富的亚热带植物和花草。"

卡尔大叔说着点开一些图片，图片是俯瞰视角的照片，

照片上粉红色小岛星星点点地排列在蔚蓝色的大海上，

如同一幅美丽的星空图。

"真的无法想象，人们来到这么美丽的地方竟然会失踪。"史

小龙注视着蔚蓝的海面。

"没错！这是一个很美丽的地方，同时也是让人感到恐怖的地

方。由于航行到此处的舰船或

飞机常常神秘地失踪，而且在

灾难发生之后，人们不仅找不到原因，甚至连船只和飞机的残骸都无法寻觅，所以，很多船员来到这里时，都没有心思欣赏这里美丽的海上风光，而是战战兢兢、提心吊胆，集中精神驾驶船只，唯恐碰上厄运，一不小心就葬身海底。"卡尔大叔有些惋惜地说。

"看来，百慕大三角已经成为那些神秘的、不可理解的各种失踪事件的代名词。在我们熟悉的地球上，怎么会有这么一个神奇而无法解释的角落？怎么会发生这样一连串不可思议的事情？究竟是什么在百慕大三角作祟呢？"帅帅仰起头，问道。

"这些啊，留到以后我再告诉你们吧。"卡尔大叔神秘地笑了笑。

珊瑚礁——生物形成的岛屿

很多人以为珊瑚礁是长着珊瑚的礁石，这种看法是不对的。其实，珊瑚礁的主体是由珊瑚虫及其分泌物组成的。珊瑚虫是海洋生物中一种低等的腔肠动物，它能够分泌出石灰石。这些石灰石经过沉淀、挤压和石化后逐渐形成山状的堆积物和礁石。经过珊瑚虫世代交替地增长，它的分泌物也在不断加高，最后终于超过低潮线，在落潮的时候显露出来，形成了珊瑚礁。

第三章

狭小而富裕的国家

"接下来，我们来了解一下这个地方的基本信息，也就是它的历史沿革、农业、金融服务业、交通、旅游、财政金融、经济发展以及人民的生活水平等情况，这部分由尤丝小姐给你们讲述。"卡尔大叔喝了一口水，看着尤丝小姐说。

尤丝小姐点点头，对着三个孩子笑道："好吧，孩子们，今天尤丝老师给你们上课。"尤丝小姐侃侃而谈，大伙仿佛看到这个美丽的地方就在眼前。

"百慕大的英文叫 Bermuda，由 7 个主岛、150 多个小岛及珊瑚礁群组成。它位于大西洋中西部，是一个以百慕大群岛、波多黎各岛和佛罗里达半岛为三个顶点的三角海区。"博学多识的尤丝小姐侃侃而谈。

"百慕大是英国的海外领地，在所有英国的海外领地中，百慕大是历史最悠久的一个，它的存在时间比英格兰的《1707 年联合法案》更早。早在 1609 年，英国人就来此进行殖民；1941 年，英国将百慕大中的三个岛群租借给美国建立军事基地，

订立的期限为 99 年；1945 年，联合国非殖民化委员会将它列为全球 16 个非自治领地之一；1957 年，英军撤离了这个地方；1968 年，在许多国家的支持下，百慕大终于获得内部自治权。"尤丝小姐一边展示着资料，一边说。

"如果按陆地面积算，百慕大的陆地面积仅有 54 平方千米。这里的人口不超过 10 万，其中一半左右是黑人，剩下的是白人和混血人种。它的首府是一座叫哈密尔顿的小城。由于它早期是英国的殖民地，所以它的官方语言是英语。"

尤丝小姐讲到这里，史小龙举起了手："我也有个问题。"

"小龙，有什么问题，你说。"尤丝小姐点点头。

"这个地方为什么叫百慕大群岛呢？为什么不叫别的名字呢？"史小龙问道。

尤丝小姐笑了笑，接着讲起了百慕大群岛名字的由来：百慕大群岛就是指一系列围绕在百慕大海域里的岛屿组成的岛群的总和。百慕大群岛是由一些小岛围绕着一个大岛组成的，这个大岛是被一个叫胡安·百慕大的航海家首先发现的。在 1503 年的时候，胡安·百慕大率领他的船队第一次登上大岛，并以他的名字为其命名，旁边的小岛因为和大岛形成一个岛群，所以连在一起就被称为百慕大群岛，而这片区域也因此被称为百慕大海域。

"哦，原来是这个样子啊！我以后也要周游世界，如果是我最先发现一个岛，就用我的名字给它命名，名字就叫史小龙岛。"史小龙大声说道。

卡尔大叔摸摸史小龙的头说道："你有这个想法是很好的，不过

目前地球上的大部分区域都已经被人们探索并命名了。如果你真想发现一个地方，然后用自己的名字命名，那么就好好学习，成为一位航天科学家，去探索无穷无尽的太空。"

史小龙呵呵笑了起来，尤丝小姐接着讲述这个地方的概况。

百慕大原本是有一些土著人的，但是在英国人殖民过程中，土著人逐渐被驱逐，最后，他们在这片海域中消失了。而由于大量非洲奴隶被运送到这个岛上，所以昔日非洲奴隶的后裔成为这个地方的主要人口，约占总人口数的一半。剩下的一半是白人，他们大多是英国人和葡萄牙劳工的后裔。

百慕大人口的年平均增长率相对世界标准而言是很低的，人口的出生率以及死亡率在西印度群岛中也在最低者之列。15岁以下的人口非常少，不到总人口的四分之一。约有20个岛屿有人居住，人口密度以百慕大岛最高。

百慕大的各种行业都很发达，农业是比较小的一

个经济部门，占整个地区经济收入的四十分之一左右，这里的人主要种植蔬菜、柑橘和香蕉，但是由于整体劳动力缺乏，所以他们的食品 80% 以上都依靠进口。

"那百慕大岂不是很穷？"听到这里，秀芬不由得问道。

尤丝小姐摇摇头："不，恰恰相反，百慕大很富裕，只是它的农业不发达而已，但是农业不发达并不意味着这个地区贫穷。"

"它在哪方面发达呢？"秀芬问。

"首先，就是旅游业。"尤丝小姐喝了一口水，说，"你们知道吗？百慕大每年的旅游收入占经济总收入的三分之一呢！每天都有许许多多的人到百慕大度假，而且到百

慕大旅游的人大多数都是美国、加拿大和西欧的一些有钱人，来自这些国家的游客给百慕大的经济发展提供了巨大的动力。所以这个地区是很富裕的。"

"百慕大的风景确实好美哦。仅仅是看照片，我已经喜欢上那里了。"秀芬感慨着。

"我喜欢百慕大的神秘，真想去一探究竟。"史小龙说。

"不仅仅是旅游业，百慕大的金融服务业也非常发达，它是全世界最大的境外金融和商业中心之一。而且它的保险业也是非常发达的，占据了全世界意外险种再投保量的三分之一。"尤丝小姐说。

"真想象不到，这么小的地区竟然有如此繁荣的经济，真的很让我们钦佩呢！"帅帅情不自禁地说。

"当然了，除此之外，百慕

大还是世界第五大船舶注册地，尽管百慕大只有一些小群岛，但是每天都有数不胜数的船只在百慕大注册、停靠和从事运输活动。"尤丝小姐说着，又为大家找了一张百慕大的照片。

"哇，好多的船只！"秀芬说。

"你们也都了解了吧？"卡尔大叔接着补充道，"这个地区总体的经济收入并不算高，但是它人口少，所以分摊在每个人

身上，那就是一大笔钱，比起世界许多强国和富裕国家来说，这样的小地区的人民生活反而更加富足。”

“哦。”三个孩子恍然大悟。

“感谢尤丝小姐的讲解，接下来我要宣布一个消息，我们明天将乘坐最新研发的海陆空三用航行器去百慕大旅游一趟，不知道大家是否有兴趣。”卡尔大叔伸了个懒腰道。

“这实在是太好了！”帅帅和史小龙兴奋得跳了起来。

但是秀芬却有些犹豫：“可是卡尔大叔，那个地方不是很危险吗？”

卡尔大叔摸了摸秀芬的头，说：“我们的海陆空三用航行器可以保障我们的安全，而且随着各种传说的增多，人们逐渐发现，其实关于百慕大的故事，有些是被人们夸大了的。百慕大确实是一个神奇的地方，但是绝对没有传说中那么危险，你尽管

放心吧。"

秀芬终于露出了笑容，她大声

道："好吧，我也去。"

卡尔大叔笑着说："那么，亲爱的孩子们，你们赶紧去

准备一下吧，我们的旅行可能会持续一星期哦。"

三个孩子兴高采烈地跑出工作室。

日不落帝国

英国曾经是世界上最大的殖民国家。它曾经的殖民地包括澳大利亚、新西兰、南非、加拿大、伯利兹、印度、巴基斯坦、马来西亚、新加坡等。

在殖民的高潮时期，大英帝国享有一个响亮的称号——日不落帝国。日不落帝国的意思是，无论太阳在哪里升起，在阳光照耀下都有某个属于英国、受英国统治的领土，即英国在全世界都拥有霸权。

第四章

消失的
"19飞行中队"

27

伴随着轰鸣声，航行器飞上了天空，尤丝小姐负责驾驶，卡尔大叔、帅帅、史小龙和秀芬则坐在客舱里面。

望着外面的蓝天，史小龙有些迫不及待，他在座位之间走来走去，心早就飞到那个神奇的地方去了。

帅帅嚷嚷道："小龙，不要再走来走去啦，我的眼睛都花了。"

史小龙不好意思地回到座位上，笑道："对不起，我有点兴奋。"

卡尔大叔笑眯眯地说："旅途还很漫长，不如我再给大家讲讲百慕大的故事吧。"

大家都说好，于是卡尔大叔讲了起来。这一次他讲的是消失

的"19 飞行中队"的故事。

1945 年 12 月 5 日，美国集结了 5 架"复仇者"鱼雷轰炸机，将其组成一支机队，取名为"19 飞行中队"。"19 飞行中队"共有 14 名成员，由上尉查尔斯·泰勒率领。他们准备穿越巴哈马群岛，执行一项训练任务。

训练任务比较简单：5 架飞机乘载 14 名飞行员对距美国海军基地以东 60 英里的一处小岛屿进行轰炸和低空扫射的演习活动。随后再向北飞行，进行空中测量，最后返回空军基地，整个训练的时间将持续 4 个小时左右。

一切安排妥当后，"19 飞行中队"出发了，飞行员们离开位于佛罗里达州的劳德达尔堡海军航空基地。一开始的时候，训练进行得很顺利。泰勒上尉通过机载电话向基

地反馈了他们的训练结果，并且发了一条信息："天气很晴朗，我们的心情很愉快，大海是蔚蓝色的，景色十分美丽，我们相信这次演习训练能够圆满完成。"

但是好景不长，一个半小时过后，泰勒上尉所乘的飞机似乎发生了故障，地面上的雷达显示，泰勒上尉正飞行在一片一望无垠的海洋上空。基地的指挥官感到有些问题，他发出了一些询问信号，要求泰勒上尉回复训练进程，但是这个时候通话器中只传来沙沙的声音，飞机的信号变得非常微弱。

过了很长时间以后，指挥部终于收到了泰勒上尉发回的信息，他说自己的飞机偏离了训练路线，飞到了南部凯斯海域，那里已

经远离佛罗里达了，因此他命令所有飞机往北飞行，尽量寻找陆地着陆，但是他们感觉陆地好像很遥远。训练依旧在继续，基地指挥部以为只是发生了一些小的故障，而且泰勒上尉也没有继续发回信息，所以他们放下心来等待泰勒上尉和他的飞行队伍回来。

随后，泰勒上尉和指挥部之间进行了一些通话，通话的内容很奇怪。

泰勒："我们完全偏离了航向，十分异常！"

指挥部："泰勒上尉，请报告你们的具体方位！"

泰勒："我也不知道为什么，搞不清楚自己的方位，也不知道到底在什么地方上空！"

指挥部："那么，请你带队向西飞行！"

泰勒："我们无法分辨方向！方位仪出了故障，指针也已经不动了。我们只能看见大海，哦，不，应该说我们什么都看不见，也分不清楚天空和大海。"

基地指挥部那时候并没有预感到问题的严重性。因为5架飞机的燃料非常充足，完全可以应付几个小时的飞行。再说，泰勒上尉有丰富的飞行经验，他的飞行技术是一流的。指挥部当即命令另一架仪表正常的飞机进行领航。

可是没过多久，基地指挥部又接到了新的消息："警报！我们又迷航了，现在依然看不见陆地……全乱套了，连大海也似乎跟平时不一样了！"

这时候也传来泰勒上尉的消息："我们似乎一直在墨西哥湾上空打转。"

基地指挥官十分吃惊，他们怎么偏离航向飞到墨西哥湾去了，

这是不可能的事情啊！

随着时间的推移，这5架飞机一直在大海上空盲目地飞行，弄不清自己的方位，他们之间的对话，也让指挥部大为吃惊，所有飞机的仪表都已经失灵了。它们的读数都不一样，如果能够看见太阳，他们也许还可以矫正航向，但是他们连夕阳也没有看到。最后的信息终于发了过来："我们完了……机翼开始进水了……开始往水里沉了……"

电波讯号越来越微弱，直至后来，什么也听不见了。那时，正是19:04。泰勒上尉和那5架战斗机连同他的十几个队友就这样离奇地消失了。

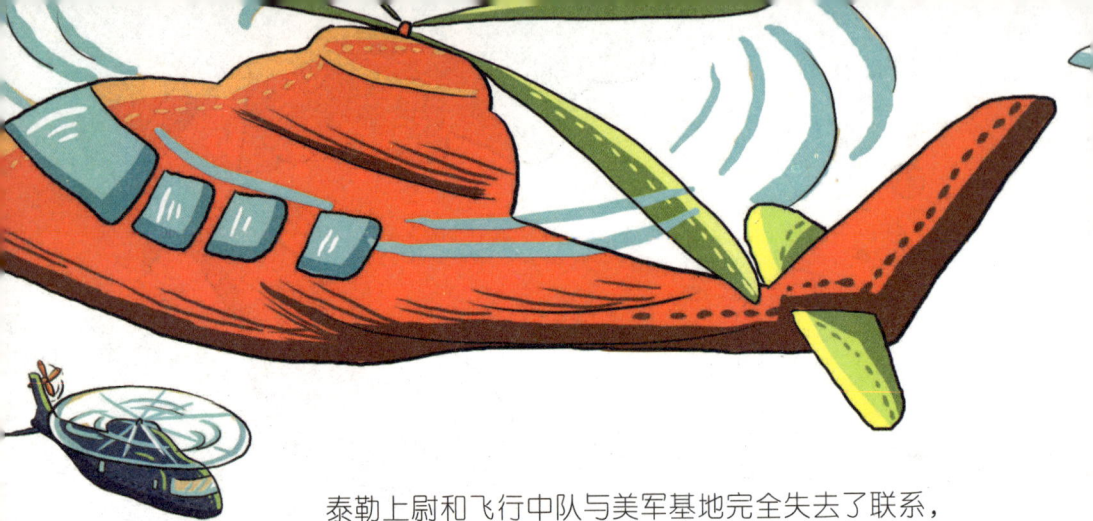

泰勒上尉和飞行中队与美军基地完全失去了联系，基地指挥部察觉到大事不好，于是马上发出命令，派遣一架水上飞机前去搜索。飞机很快起飞了，向泰勒上尉带领的训练机群中队方向飞去，但是令人更困惑的是，在一开始的时候，这架水上飞机还发回一些情况，说没有找到泰勒上尉和飞行中队。过了几小时后，这架载有 12 名机组人员的"马丁水手号"救援机也在百慕大三角地区失去了踪影。

　　指挥部大为惊慌，在短短的 6 个小时的时间里，6 架飞机全都不见了，令人百思不得其解。美国当局对此事表示极大的震撼，军方决定不惜一切代价，必须查个水落石出。

　　第二天，美国出动了包括航空母舰在内的 21 艘舰艇和大约 300 架飞机，在面积达 600 多万平方千米的海面上，进行了最大

规模的搜索。从百慕大到墨西哥湾的每一处海面都不放过，连续搜索了5天之久，仍然徒劳无功，没能见到泰勒上尉和他的飞行中队的任何踪影。

负责搜寻救援的官员沮丧地对上司说："上帝，谁知道那里到底发生了什么，接下来会发生什么我们也无法预估！"

这件事情成为当时轰动一时的新闻。在那不久之后，一艘经过百慕大海域的船只上的水手们宣称，在"19飞行中队"执行训练任务那天，飞机可能在空中发生了爆炸，因为他们曾看到百慕大上空出现耀眼的亮光。可是美军并没有找到任何有关飞机爆炸的证据。

戴维·怀特，美国劳德达尔堡海军基地的前任飞行教练，在事情过了很久之后说："'19飞行中队'其实已经离开了凯斯地区，他们应该是在巴哈马群岛的尽头，假如他们还要继续向北飞行，那么他们离陆地就越来越远。"

戴维·怀特说："我本人并不相信报告中所说的那一切，并不存在什么难以解释的东西，我认为'19飞行中队'应该已经坠毁了，飞行员也溺水死在海中。而至

于'马丁水手号'这样的飞机，被称之为'飞行的油罐'，出事的可能性也是非常大的，很可能就因此坠毁了。"

但是戴维·怀特的说法只能解释那些在正常情况下发生的飞机坠机事件，而问题在于，按照正常情况，"19飞行中队"的5架飞机都加满了油，只是执行一个简单的飞行训练任务，怎么可能会偏离指定海域那么远呢？"马丁水手号"救援飞机又为什么在同一天、同一个地点出事呢？

"19飞行中队"失踪机组人员霍维尔·汤普森的侄女琼·皮特鲁查，也不能接受叔叔"神秘消失"的说法，她说："我更愿意认为这只是一个简单的飞行事故，那些'仪表疯狂乱转'的说法太吓人了。"

由于美国海军有关专家无法对6

架飞机、27 名官兵在百慕大神秘失踪一事做出解释，美国海军调查署只好在报告中写道："我们不知道发生了什么事情，'19 飞行中队'到底有没有执行预定的任务，他们做了什么、遇到了什么。"

1945 年的调查得出的结论是：泰勒在飞行过程中迷失了方向，以至于整个飞行中队的飞机燃油都消耗殆尽，

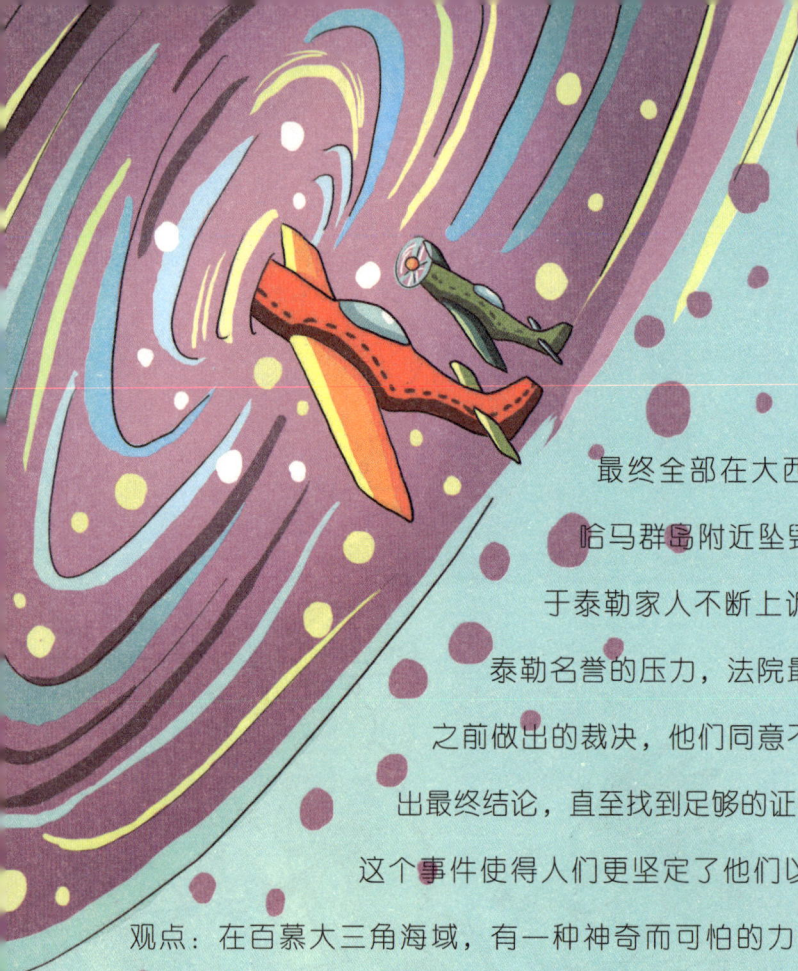

最终全部在大西洋中的巴哈马群岛附近坠毁了。但迫于泰勒家人不断上诉要求恢复泰勒名誉的压力，法院最终修改了之前做出的裁决，他们同意不对该案做出最终结论，直至找到足够的证据。

这个事件使得人们更坚定了他们以前持有的观点：在百慕大三角海域，有一种神奇而可怕的力量潜伏着，海员和飞行员往往因为冒险进入该地区而遭遇不测。

自 1945 年之后，这片海域内失踪了数百艘船只和 1000 多人。其中包括数十艘装备精良、性能良好的船只和飞机。

飞行员们到底去了哪里？莫非他们真的进入了时空隧道？还是他们被传说中的亚特兰蒂斯人俘虏了，或者是被外星人绑架到别的星球去了？

为了让这一谜案有个了结，美国议会在 2005 年 11 月 17 日的一项决议中对 27 名失踪官兵进行了追加授勋。美国佛罗里达州共和党议员克莱·肖说："我相信这一做法能够让那些死去的英雄以及他们的家人都得到安宁。这个事故太过于古怪，那绝不是那些经验丰富的飞行员会做的事情，当时一定发生了什么不可思议的事情。"

这个故事一讲就讲了一个小时，三个孩子都听得津津有味，这时尤丝小姐的声音从前方传过来，她半开玩笑地说："四位旅客，我们的飞机已经进入百慕大海域，请系好安全带，我们准备降落海面，进行我们的百慕大观光活动了。"

"哇，时间过得好快呀！这么快就到了。"帅帅嚷嚷着把安全带系好，航行器开始降落到海面上，转变为航海模式。

"复仇者"鱼雷轰炸机

"复仇者"鱼雷轰炸机的外形很独特，机身呈圆形。它的内部，可以装下当时美国海军武器库中最大的航空鱼雷。1942年1月，"复仇者"鱼雷轰炸机首次应用于美军前线部队。

在"复仇者"鱼雷轰炸机的背部、腹部以及机翼上，各装有一挺勃朗宁0.3英寸的固定机枪。"复仇者"鱼雷轰炸机的弹舱最多可挂1600颗炸弹或鱼雷。正如它的名字所暗示的那样，"复仇者"在之后三年中更是出色，使太平洋战场上嚣张的日军受到严重挫败。战争结束后，"复仇者"到20世纪50年代才退役。

第五章

海上飘零的幽灵船

卡尔大叔打开机载电脑，屏幕上显示，航行器正位于百慕大海域的马尾藻海域，这里是百慕大发生沉船事件最多的地方。

秀芬趴到窗边，看着外面的景色，突然说："我仿佛看见前面的大雾里有一艘船。"

帅帅和史小龙凑了过去："在哪里？我们也看看。"

卡尔大叔正在忙着调节仪器，他头也不回地说："孩子们，说不一定你们看见的是幽灵船哦。"

帅帅问道："幽灵船又是什么？难道是《加勒比海盗》里面所说的'飞翔荷兰人号'吗？"

"当然不是，幽灵船是对一些失踪之后再出现的船的称呼，关于百慕大幽灵船的记载在各种书籍和电影中都出现过。"卡尔大叔停了一下，好像在回想什么，他想了一会儿，便给大家讲起幽灵船的故事来。

在一些百慕大三角连人带船神秘失踪的事件之中，最早的记载是这样的：

1840 年 8 月的一天，在百慕大海域，有一些小渔船在那里捕鱼。那天，风和日丽，渔民们收获颇为丰富，大家都很高兴，等着再打一些就回去喝酒。

正忙碌的时候，他们看见远处有一艘帆船从海上漂了过来。这是一件很正常的事情，这个地方虽然偏僻，但总有一些商船从这里经过，所以渔民们也见怪不怪了。

这艘船慢慢地航行，好像在漫不经心地闲逛一样，过了十几分钟后，渔民们感觉有些奇怪，因为按照正常的情况，帆船看到这里的渔民，一定会长鸣汽笛打个招呼。而且这艘船是一艘商船，商船一般都忙着赶路，怎么可能这样漫无目的地在海上飘荡呢？

帆船越来越近了，这时候一个渔民忽然发现船的甲板上居然没有水手，他感到很奇怪，急忙把这个情况告诉其他人。其他人听了之后，仔细地观察那艘帆船，也觉得疑惑不解，打算前去一探

究竟。

于是他们划着小渔船，慢慢地接近那艘帆船。帆船上没有任何动静。渔民们朝着船上大喊，根本没有人出来应答，渔民们拿出搭钩挂在船上，上了帆船。

船上的一切让他们百思不得其解，因为船上一个人也没有！他们搜索了整条帆船，发现这是一艘法国帆船，名叫"洛查理号"。船上货舱里放着绸缎、瓷器等货物，它们都完好无损；船舱里没有人，水手们睡觉的地方干干净净，没有任何打斗的痕迹；船上的水果还很新鲜，就像刚补给的一样；渔民们走进船长的房间，见桌子上放着没喝完的咖啡以及一本平摊开的日记，大家推断，当时船长可能正在写航海日记。

然而，为什么船上的水手都跑光了呢？没有人能够解答，船上唯一健在的生物就是一只饿得半死的金丝鸟，可惜它不能说话。谁都能肯定这艘船一定经历了不可思议的事情。

　　同样的事例还有许多个。1872 年 12 月 5 日，在百慕大三角上又发生了一件怪事。英国的"戴·格雷西亚号"在亚速尔群岛东面的海面上发现了一艘随意漂泊的船。

　　船长莫尔豪斯惊讶地发现，这艘船正是比他早八天离开纽约的"玛丽亚·采列斯特号"。于是莫尔豪斯赶紧命令水手偏离航道，前去救援。他们的船离"玛丽亚·采列斯特号"越来越近，最终，他们登上了船。

　　令他们感到奇怪的是，船上不见一人，船舱的餐桌上竟摆着许多可口的食物，茶杯里的咖啡和水还没喝完，桌子上的盘子里放着的水像刚刚倒上的，食

物和淡水也存了很
多，壁上的挂钟转动得也
很正常，缝纫机台板上的小瓶子
里还有没用完的机油，成桶的酒
精放在货舱里没有被动过，船长的钱、
烟斗和各种私人物品都还在，连航海日
志都依然留在船长的储物箱里。但是航海用的六
分仪却不见了，船的主舱似乎被人动过，好像被改装成了一个要用
来抗击来犯敌人的防御工事。

根据航海日志记载，"玛丽亚·采列斯特号"于1872年11
月7日离开纽约，船上共有7名船员，还有船长布雷格斯的妻子
莎拉和他的女儿索菲亚。船在两周后到达了亚速尔群岛附近，航
海日志上记载着他们最后到达那个地方的时间是11月25日凌晨
5点。

莫尔豪斯随即命令手下的人把"玛丽亚·采列斯特号"开到
直布罗陀海峡。在那里，英国的海事法庭为这件事召开了一次海
上救援听证会，他们决定调查"玛丽亚·采列斯特号"失事的原因，
以及确定莫尔豪斯船长是否应该获得救助奖金。

负责此事的检察官索利弗雷德产生了一个疑问："玛丽亚·采列斯特号"的船员是不是被谋杀了？谋杀他们的人是不是"戴·格雷西亚号"的船员？经过三个多月的调查，法庭没有发现任何与杀人犯罪相关的证据。那么船员们为什么会失踪呢？没有人知道。

故事讲到这里就结束了。卡尔大叔站起来走到窗前向外面看去。秀芬刚才看见的轮船这时已经冲出大雾。原来这艘船并不是幽灵船，而是一艘货轮，货轮正在缓缓地行驶着。卡尔大叔看了看船的航向，然后说："这艘船应该是从巴巴多斯出发的，它可能要去美国的弗吉尼亚那边。它的航向和很久

以前失踪的一艘船倒是很相似的。"

"你说的是'独眼巨人号'吗?"秀芬问道。

"你怎么知道的?"史小龙和帅帅问道。

秀芬微笑着道:"我昨天晚上闲来无事,就在网上查阅了一些关于百慕大的资料,看到了很多神奇的事。"

卡尔大叔点了点头,说:"秀芬真是爱学习的孩子。很好,那么就请秀芬给我们讲讲'独眼巨人号'的故事吧。"

"好呀!好呀!"史小龙和帅帅很高兴。于是秀芬开始讲了起来。

长满枯树的死亡谷

在纳米比亚的苏索斯维利盐田有一个死亡谷，这个地方人迹罕至，只有一棵棵死去900年的古树矗立在这片荒漠中。科学家们研究发现，死亡谷中的树木并没有变成化石，它们只是干枯到了极点。科学家们解释说，大约在900年以前，这里曾遭遇过严重的旱灾，地下渐渐没有水了，树木的树根变得干枯。更不幸的是，这里没有降水，树木因缺少水分渐渐枯萎、死去、变干，火红的阳光将它们烤焦，使它们变黑。随之，这里的沙丘也变成橙红色，像锈迹斑斑的铁，死亡谷形成了。

百慕大失踪事件

第六章

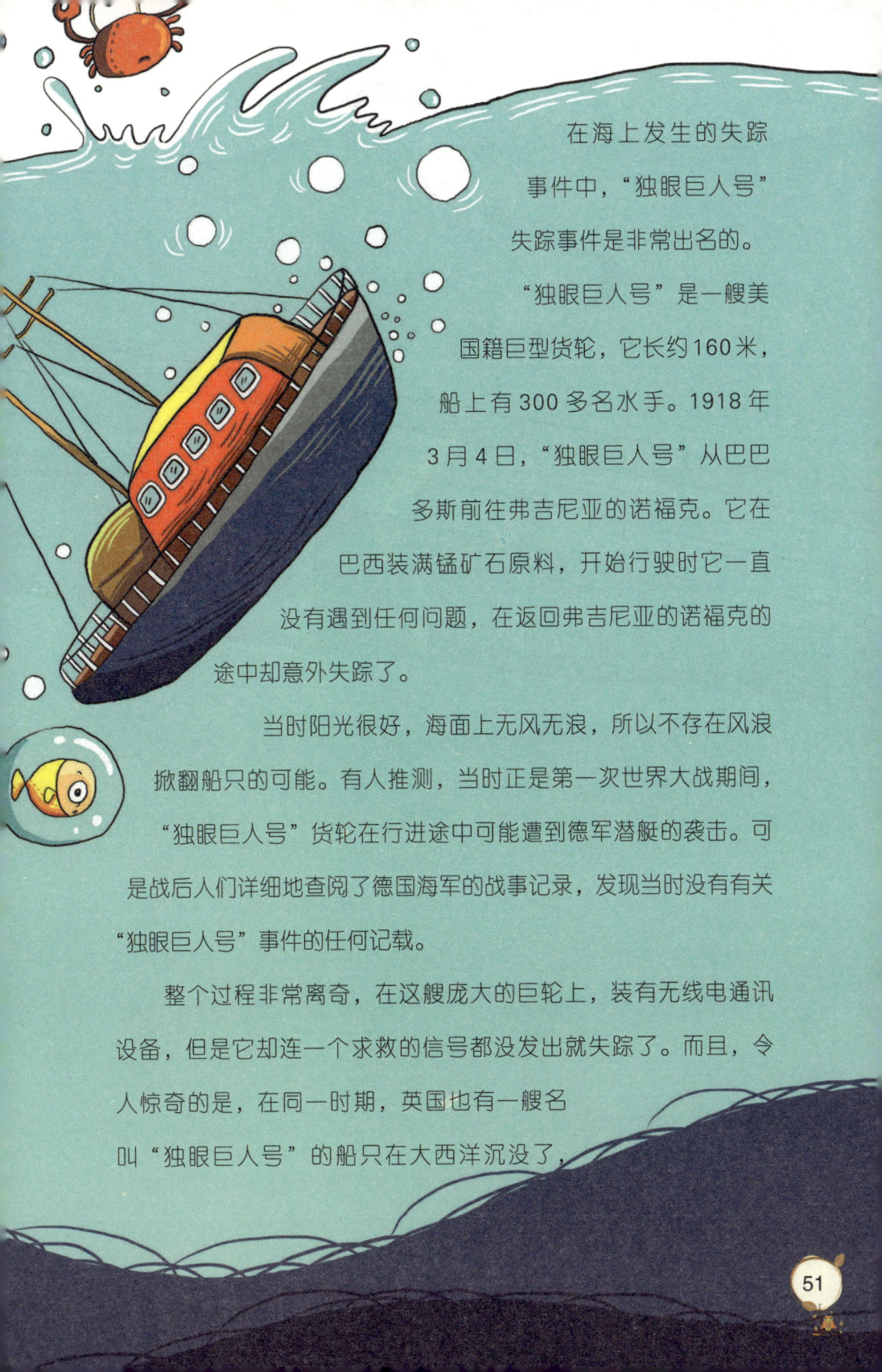

在海上发生的失踪事件中，"独眼巨人号"失踪事件是非常出名的。

"独眼巨人号"是一艘美国籍巨型货轮，它长约160米，船上有300多名水手。1918年3月4日，"独眼巨人号"从巴巴多斯前往弗吉尼亚的诺福克。它在巴西装满锰矿石原料，开始行驶时它一直没有遇到任何问题，在返回弗吉尼亚的诺福克的途中却意外失踪了。

当时阳光很好，海面上无风无浪，所以不存在风浪掀翻船只的可能。有人推测，当时正是第一次世界大战期间，"独眼巨人号"货轮在行进途中可能遭到德军潜艇的袭击。可是战后人们详细地查阅了德国海军的战事记录，发现当时没有有关"独眼巨人号"事件的任何记载。

整个过程非常离奇，在这艘庞大的巨轮上，装有无线电通讯设备，但是它却连一个求救的信号都没发出就失踪了。而且，令人惊奇的是，在同一时期，英国也有一艘名叫"独眼巨人号"的船只在大西洋沉没了，

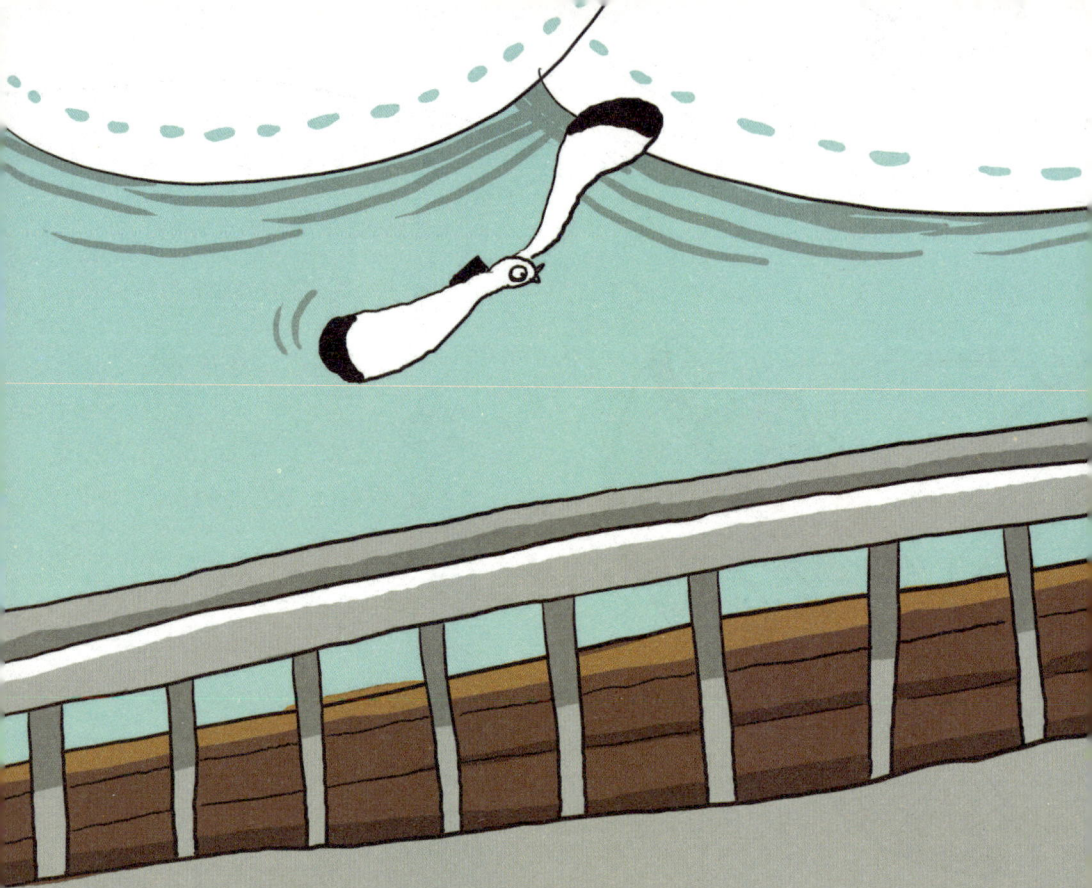

不过这艘船真的是被德国人的潜艇击沉的。

有人说，美国的"独眼巨人号"自身也存在一些问题，这些问题导致了许多疑问。首先，作为一艘美国的军需船，它的船长却是一个德国人，这位船长有些怪癖，他总会穿着内衣、戴着圆帽在栈桥上散步，于是也有人推测这位船长有精神病。

其次，这艘船搭载的旅客也很不寻常，其中包括了前任的美国驻巴西总领事，以及三个因为犯有谋杀罪而将被带回美国受审的海军罪犯。总体来说，"独眼巨人号"具备所有神秘、惊险剧情的元素。

有人猜测因为船长是个德国人，可能他带着船只和船员向德

国人投降了，但是战后在德国的军方档案中没有找到任何的记录；也有人猜测可能是那位面慈心狠的船长过于残暴而激起了船员的反抗，于是船长被推翻了，船也被海员们占领了，而为了躲避本国的审判，这些船员们远走他乡，隐姓埋名。但是这种可能性是微乎其微的。"独眼巨人号"到底发生了什么事情，有待进一步的考证和查实。

秀芬讲完故事，史小龙说："这个故事真有趣，我相信'独眼巨人号'的秘密一定会被挖掘出来的。"

卡尔大叔点点头："船只失踪事件，很可能有人为的因素，也可能是自然的因素，虽然我们并不排除有超自然因素存在的可能性，但是要真正地揭开这个谜团，我们就要先从人为和自然的因素开始考虑，秀芬的故事讲得很好。"

帅帅笑着道："我昨晚回去看了一些资料，我也给大家讲一个吧。"

大家都点点头，于是帅帅也讲了一个故事，这个故事是关于"拉达荷马号"的。

"拉达荷马号"的故事情节和"独眼巨人号"有一些相似，不过又有一些不一样的地方。事情发生在1935年8月的一天，意大利籍的货轮"莱克斯号"正在百慕大海域航行，一艘美国籍帆船"拉达荷马号"从他们身边擦肩而过，双方还相互鸣汽笛打了个招呼，然后背向驶去，两船相离不过一分钟，"莱克斯号"的水手们忽然听到长长的汽笛声，这是求救的信号，方向正是从"拉达荷马号"

的方向传来的。

船长拿出望远镜查看，看到惊人的一幕，只见刚刚还和他们打招呼的"拉达荷马号"正在下沉，船长大惊失色，马上命令"莱克斯号"掉头前去救援。

这时候"拉达荷马号"上面的水手正在往海里跳，"莱克斯号"赶到之后，水手们奋不顾身地将船上和海中的水手救了起来。事后他们问起"拉达荷马号"下沉的情况，"拉达荷马号"的船员们都说感到不可思议，因为船没有任何破损，船舱和船底都没有受到任何伤害，而且四周并没有其他船对"拉达荷马号"进行攻击，但是这船忽然间就这么沉了。

"莱克斯号"继续航行，5天后，惊人的一幕发生了，"莱克斯号"上的水手们忽然发现航线前方有一艘船正在孤独地漂着，他们仔细辨认后发现，那就是"拉达荷马号"！

于是"莱克斯号"上的水手们登上了"拉达荷马号"，他们发现船并没有任何破损，除了船舱里有许多水迹证明这艘船曾经沉没过之外，没有任何特殊的地方。一艘已经沉没的船只怎么会忽然间又从海底漂上来呢？这件事情让人百思不得其解。

故事讲完了，史小龙还着急地问："还有吗？还有吗？我很喜欢这样的故事。"

卡尔大叔说道："这样的故事在百慕大数不胜数，还有两个故事，我可以给大家说说。"

卡尔大叔接下来讲的是关于"鲁比康号"和"玛林·凯思号"的故事。

1944 年，古巴籍的货船"鲁比康号"在同一海域也出现了同样的奇怪现象。当人们登上这艘漂浮不定的船时，发现船上没有任何受到攻击的痕迹，甚至连水迹都没有，船员们都不见了，只有一只狗孤独地躺在甲板上。

1963 年，一艘美国籍的油轮"玛林·凯思号"载着大量的石油，穿过这片海域，打算进行一次商业交易，航行的第二天早上日出后，报务员例行向岸上通报说："一切正常，我们的位置在北纬 26 度 4 分，西经 73 度。"

这是"玛林·凯思号"传给世界的最后信号，从这以后，它再也没有发出任何回应，好像凭空消失了一样。这样一艘装有先进的现代化导航和通讯设备的油轮，竟然如同掉入了无底洞一样，从这片海域上失踪了。

"真的太不可思议了！"三个孩子陷入了思考之中。

鄱阳湖的"魔鬼三角"

在中国鄱阳湖老爷庙附近的水域被人们称为"魔鬼三角"，不计其数的人经过这里都离奇失踪。1945年4月16日，日本有一艘名为"神户丸号"的船只，装满了从中国掠夺来的金银财宝，当它经过"魔鬼三角"时，不幸沉船了，船上所有人均葬身湖底。日本军部派人潜入湖中探查，但是下水调查的人纷纷遇难，只有一个人回来，且已精神失常。后来，经过专家调查，老爷庙水域的形状就像一个喇叭的口，一旦冷风南下，北风盛行，湖面上就立刻风力加大，水流速度飙升，水流紊乱而且产生旋涡，致使船只在此船毁人亡。

第七章

神秘的百慕大天空

正当大家沉思的时候，尤丝小姐的声音突然从前方传来："卡尔大叔，现在是早上 7 点，靠近海面的地方有大量的浓雾，这样的航行比较危险，我担心会发生事故，请问我们是否先取消航海模式，回到空中去呢？"

三个孩子往窗外看了看，果然，周围都是浓雾，10 米之外就什么都看不见了。卡尔大叔看了看检测数据，说："尤丝小姐，请把航行器上升到 500 米的空中，我们去俯瞰百慕大的全景吧！"

随着航行器逐渐上升，他们也脱离了浓雾的包围。飞行在 500 米的高空，航行器就像在云海中漫游的一艘小船，自由地移动着。

窗外是美丽如画的景致。浓厚的大雾如同大海一样波涛汹涌，太阳从海平线上升起，透过浓雾照射出暖暖的、模糊的光线，仿佛一个水晶灯，大雾被光线渲染之后，呈现出一片淡黄色，就像一片金色的海洋。

半个多钟头之后，浓雾渐渐散去，阳光直射在航行器上，三个孩子身上感到一阵温暖。

帅帅忽然问道："卡尔大叔，百慕大的海面发生了那么多事故，它的空中应该不会出现危险吧？"

卡尔大叔摇摇头，笑着道："那倒不一定，百慕大的天空也是十分神秘的，而且发生过许多空难，还记得我刚才说的'19飞行中队'的事情吗？那就是在空中发生的呀。"

"啊？"秀芬大吃一惊，"那么我们岂不是很危险吗？"

"哈哈，这可没有，不用紧张，那都是很多年前的事情了，那个时候飞机的导航系统不够先进，燃料不充足，发生事故的飞机都是进行长途飞行任务的，发生事故的几率也要大一些。而且那些发生事故的飞机的空中航道距离地面都比较远，但是你们看我们的航行器，"卡尔大叔指着机载电脑的屏幕，"我们的航线就在百慕大群岛之间，非常靠近陆地，可以随时和地面联系，而且四周都游弋着百慕大的海上巡逻救援队，随时都可以对我们进行支援的。"

"那就好。"秀芬放心地说。

哈哈，女孩子就是胆小，我可不怕。"史小龙笑着道，"卡尔大叔，你能不能给我们讲讲发生在百慕大上空的各种事件呢？"

卡尔大叔做了一个优雅而又夸张的动作，说："乐意为大家效劳。"孩子们都笑了起来。

于是卡尔大叔开始侃侃而谈。

1948年12月27日，晚上10点半，一架大型民航班机从美国圣弗朗西斯科（旧金山）的机场出发，途中经过百慕大海域的上空。机长是一位经验丰富的飞行员，对这一带航线十分熟悉，可以说，这架飞机出事的概率是非常低的。

这架飞机上坐满了乘客，开始时一切正常，没有出现任何情况，可是在这架飞机即将离开百慕大海域的时候，地面指挥塔听到机长这样的话："这是怎么回事？大家都在唱圣诞歌吗？"谁也没有在意这句话，也没想过话里是否包含其他含义。

12月28日凌晨4点半，飞机还向机场发出过信息："我们已经靠近机场，准备降落，请做好接机准备。"机场为飞机降落做好了各项准备，可是这架飞机始终没有降落，在降落之前它就已经消失了，全体机组人员和全部乘客无一生还。

一分钟前还与机场保持着正常联系，一分钟后就消失无踪，这次失踪仿佛是一瞬间发生的，飞机似乎一下子飞进一个无底洞中，毫无声息。

讲完第一个故事，卡尔大叔又接着讲起第二个。

1971年10月21日，美国一架载满冻牛肉的运输机"超星座号"经过百慕大海域，它在飞行途中恰巧遇到一艘正在海面工作的探测船。探测船上的船员们都看到了飞机，并且一直目送它离开。但是，当"超星座号"飞了一分钟左右，突然之间，它好像被海水吸住了一样，一头扎进了海里，并且迅速地从海平面消失了。

探测船赶紧赶到出事的海域，利用船上的探测装备进行搜索，但是却毫无发现。他们没有发现任何油迹，也没有发现任何尸体或者飞机残骸，唯一能够证明这架飞机到过这里的是在海面上漂浮着的一大块还带着血丝的牛

肉。探测船迅速将这件事情通报了美国政府，美国政府派出大量的搜救舰对该区域进行了地毯式搜索，但还是毫无所获。

"好神奇呀。"史小龙说道，"难道这些飞机消失之后真的就再也没有出现过了吗？"

"这倒也不是，"卡尔大叔想了想道，"我记得曾经有人说见过消失的飞机，也就是'19飞行中队'。"

紧接着卡尔大叔讲起了"19飞行中队"故事的后续。

1991年，一些海底探险家宣布，他们在大西洋海底发现了五架美国海军"复仇者"鱼雷轰炸机，它们正是46年前在百慕大三角地区失踪的"19飞行中队"。罗伯特·塞尔沃尼是负责这次考察任务的美国科学调查计划主任，事后他对外宣布：在距劳德代尔堡海岸18000多米的海底，考察人员发现了5架"复仇者"鱼雷轰炸机。其中，有4架轰炸机性能良好，没有异常。它们开着座舱门，表明飞行员在飞机迫

降大西洋之前跳出了飞机；另外一架飞机在这4架飞机的西边，它的中部有断裂的痕迹。据推测，这架飞机是在坠落海底的过程中撞到岩石而损坏的。

"但是，这5架飞机为何坠毁了，没有人知道。"卡尔大叔意味深长地说。

第八章

失踪的飞机
突然呼啸而来

讲完"19飞行中队"的故事，卡尔大叔又接着讲起来，不过这次他讲的不再是失踪的飞机，而是忽然间又出现的飞机。

1981年的一天，一群游客正在巴哈马岛上游玩。巴哈马岛是由700多个岛屿和2000多个岩礁与珊瑚礁组成的巴哈马群岛中的一个，距离百慕大海域有很长的一段距离。

旅游公司安排了各种各样的节目以及有趣的活动让游客们参加，游客们也都玩得很高兴。突然间，天空传来一阵马达声，游客们抬头一看，只见一架战斗机呼啸而来。

游客们都以为这是旅游公司安排的表演节目，于是大家都兴高采烈地鼓起了掌。但是奇怪的是，这架战斗机并没有在空中表演动作，而是直接飞了过来，对游客们开火了，游客们惊吓得四散奔逃，工作人员也立刻报了警，等到人们回过神来时，战斗机已经消失在云中。

警察到场之后发现，现场没有任何一个人受伤，只是一场虚惊。警察询问了许多人，大家都说不出原因，庆幸的是，有人拍下了战斗机飞行时的照片。旅游公司立即向法院控告美国空军，不料美国军方在见到照片并核实情况之后大吃一惊，而且他们给出的答案也让旅游公司的人目瞪口呆。他们说不错，那的确是他们的战斗机，但是这架飞机早在 49 年前就已经在百慕大三角失踪了，而现役的美国空军早就不用这个型号的战斗机了。

　　这个消息在美国引起了轰动，有人为此做了一些考察和研究，但是结果都是不了了之，谁也解释不清楚这架战斗机是从哪里来的。

第九章

神秘的 "水下潜艇"

航行器仍旧在飞行，卡尔大叔看了看时间，拿起通话器，对正在驾驶航行器的尤丝小姐说："尤丝小姐，现在请把航行器沉入水下100米，改为潜行模式。我们将潜入水中，探索水下的奥秘。"

　　尤丝小姐收到通知后，慢慢将航行器降落到海面，然后沉入水中，开启潜行模式。三个孩子兴奋地看着窗外，海水慢慢漫过航行器，最后光线开始变暗，他们看见了海底的风景：只见许多奇奇怪怪的海洋生物从舷窗外游过。航行器下沉到100米处，正好落在珊瑚和海藻中间，许多金枪鱼从航行器旁边游过，海底有巨大的乌贼在捕食，海蜇鼓着刺猬一样的身体，防止别的动物袭击自己，鲸鱼如同巨大的潜艇从旁边掠过，引得水中一阵波动。

孩子们看得如痴如醉，史小龙忽然异想天开地问："卡尔大叔，在海底我们会不会看见外星人的基地呀？"

帅帅拍了史小龙一下说："这是地球呀，怎么会有外星人呢？"秀芬也笑了起来。

史小龙不服气地说："可是很多书上都说百慕大可能有外星人呀！说不定外星人在这里建立了基地，听说有不少人在海底看到一些奇怪的东西呢，那些东西都不是人类能够制造出来的。"

听见史小龙这么一说，帅帅不说话了，秀芬问："卡尔大叔，史小龙说得对吗？"

卡尔大叔说："的确是这样，很多人都说在这一带看见过不明飞行物或者潜艇，而这其中，幽灵潜艇是最为出名的。有人说它是外星人制造的，也有人说这是另一个星球上的智能生物——海洋人的杰作，总之，没有人说得清楚。"

接着卡尔大叔讲起了关于幽灵潜艇的故事。

19世纪初有一艘英国货轮"海神号"在百慕大海域中遇到了一个庞然大物，这个庞然大物漂浮在距离"海神号"10米远的地方，浑身上下发出夺目的光芒，当"海神号"继续靠近它的时候，这个庞然大物突然沉入水底，消失不见了。

"海神号"的水手们看得目瞪口呆，他们百思不得其解，不知道遇到的这个东西到底是什么怪物。在19世纪，类似这样的报道还有许多，其中对遇到的怪物的描述大部分都是：它是圆的，如

同一根柱子或一根腊肠，能够漂浮在水面上，又能忽然沉入水底，而且它的移动速度非常快，没有人类制造的机械船只的马达轰鸣声。这个物体沉入水中时，有时会激起大片的水花，有时却悄无声息。

令人惊奇的是，19世纪距离人类造出潜艇还有很长一段时间，那么这些庞然大物或者怪物究竟是什么，谁也说不清楚。

在第二次世界大战后期的太平洋战争中，美国和日本的舰队在海上做殊死博杀，舰队在激战的时候，数次遭遇一艘神秘潜艇的跟踪，但是每当他们准备采取行动时，这艘潜艇就消失了。这艘潜艇在整个战争期间多次出现，奇怪的是它并没有卷入两国的战争，反而会在两国士兵落水的时候采取救援行动。

这艘潜艇的速度很快，反应十分灵敏，可以说，20世纪的任何国家的潜艇都无法与之相比，因此，美国人将这艘潜艇称为"幽灵潜艇"。

第二次世界大战结束后，美国动员了许多在太平洋上驻扎的潜艇在整个海域搜索这艘幽灵潜艇，苏联也派出大量船只对整个太平洋海域进行搜索，但是两国最终都没有任何发现。然而两国为了搜索幽灵潜艇付出了极大的代价，比如，美国的两艘核潜艇在搜索过程中失踪，苏联也有三艘潜艇在搜索过程中失去了踪迹。

幽灵潜艇到底去了哪里？

1963年的一天，美国海军在波多黎各东南部的海面下，发现了一个不明物体。这个物体外形就像玉米一样，它正以极快的速度潜行。美军以为是苏联的潜艇，于是马上告知了美国高层，高层要求美国海军立刻对它进行详细的侦察，于是美国海军派出一

艘潜水艇和一艘驱逐舰去追寻那个不明物体。

那个不明物体好像是在和追踪它的人玩游戏一样，不紧不慢地在前面航行。驱逐舰和潜水艇加大马力追赶，却始终无法接近。就这样，他们在百慕大三角地区追了整整四天，还是让那个不明物体逃跑了。这个水下不明物体不仅速度快，而且有奇异的潜水功能，可以下潜至 8000 米以下的深海。人们只看到它有个带螺旋桨的尾巴，无法看清其真实面目。

由于当时美苏对立，正处于冷战阶段，所以美国军方执意认为这个不明物体是苏联派来的。为了避免事态扩大，美国政府在当时隐瞒了事情的真相，直至冷战后期才披露出来。

这件事情一经披露，立刻引起了巨大轰动，大多数人都认为一定是苏联的潜艇，但是后来美国军方声明说，就算以现代的科学技术来看，任何国家都不可能造出那种既可以高速行驶，又可以深海下潜的物体，所以不可能是苏联人的潜艇。更何况根据资料分析，那个物体并非常规的潜艇形状，它的形状极为怪异，不像人类的科学技术能够想象并制造

出来的产物。

关于幽灵潜艇的种种信息，也许只是人们对神秘事物的猜想，对于其中的种种疑问，现在依旧是众说纷纭。有人说，幽灵潜艇的基地就在百慕大三角区靠近巴哈马群岛的海底。1985 年，一位海底探险家在巴哈马群岛附近水下 1000 米深的地方，发现了一座巨大的水下建筑，里面似乎有机器在运转，不断发出轰鸣声。

卡尔大叔总结说："因为生命来自于海洋，所以人们经常会想，在人种进化的时候人类有没有可能分成两支：一支是陆地人，一支是海洋人。如果这种想法正确的话，那么百慕大是否是海洋人的巢穴呢？那个高速潜行的不明物体，是不是就是海洋人的杰作呢？这些怀疑一直都存在着，相信随着科学的发展，这些谜团都会被——揭开。"

知识百宝箱

美国和苏联的"冷战"

第二次世界大战结束后，美国和苏联的共同敌人被打败，他们完成了共同的战略目标。由于美国和苏联在政治信仰、战略利益上的不同，两国渐渐出现了分歧，处于相互敌视状态。他们在外交上的一切敌对活动和对抗形式，被称为"冷战"。

冷战在历史上长达40多年，两个强国相争使得世界不得安宁，两次柏林危机、古巴导弹危机、朝鲜战争和越南战争，都是冷战的产物。面对两国对峙的局面，亚洲、非洲和拉丁美洲等发展中国家发起不结盟运动，第三世界由此崛起在世界舞台上，并逐步发展壮大。

第十章

穿梭时空的人

卡尔大叔说完，坐在了椅子上。秀芬回味着刚才的故事，不由得咋舌："真神奇呀！我总感觉这里有一种神秘的力量在支配着过往的船只。那么多的船只和飞机失踪了，真让人觉得可怕，但是又充满了神秘。"

帅帅捧着一本书看了起来，史小龙抢过来看了一眼，书名叫做《时空隧道》。

"帅帅，我们是来旅行的嘛，你还带着书过来看呀，太爱学习了吧？"史小龙笑着说。

"不是呀。"帅帅赶紧解释道，"这本书里面说的很多现象和百慕大很像，而且里面也提到了百慕大，作者认为百慕大可能有时空隧道。"

"卡尔大叔，时空隧道是什么呀？"秀芬对卡尔大叔问道。

卡尔大叔道："时空隧道是一种假设，科学家们认为时间可能分成不同的区域和层次。比如中国的神话故事里说'天上一天，地上一年'，指天上神仙们居住的地方只过了一天，但是人间却已经过了一年了，这就是一种时间因为区域的不同而出现差别的例子。话说回来，百慕大倒是有一些关于时空隧道的传说，至于

具体存在与否，我就不好下结论了。不过，许多故事是很有趣的，我可以给你们讲讲。"

接着卡尔大叔讲了一些人穿越时空的故事。

"在 1981 年 8 月，一艘名叫'海风号'的英国游船在百慕大海域忽然不见了踪影，这艘游船上有 6 个人，都跟着船不见了。事发之后，当时的人们以为可能是由于暴风或者船触礁，导致船毁人亡，因而也没有人去深入探究这件事情。但是令人意想不到的是，在 8 年之后，这艘船奇迹般地在百慕大原海域又出现了，而且船上 6 人安然无恙，仿佛什么事情都没有发生过。"

"真令人不可思议。"三个孩子发出了惊叹。

"没错！"卡尔大叔接着说，"事后科学家对这 6 个人进行了询问，他们发现，这 6 个人有个共同点，就是当时失去了感觉，对已逝去的 8 年时光没有任何察觉，而以为只是过了一瞬间。当得知时间已经过了 8 年时，他们都不相信。当他们上岸后发现时

间真的已经过了 8 年时，他们才勉强接受这个事实。调查人员询问他们当时发生了什么事情。这 6 人都认为当日他们什么都没有做，只感觉时间过了一会儿，一切只是刚刚过去，而刚刚过去的那一小会儿他们什么也没干。"

"如果真过去 8 年，他们的外貌会有变化的吧？"帅帅问。

"这是非常神奇的地方。科学家们对他们的身体进行了检查，假如是过了 8 年的话，那么这 6 个人按照他们现有年龄，与 8 年前相比，身体应该出现了一些变化，比如皮肤衰老、视力衰退等情况。然而，科学家们将这 6 个人现在的身体状况与 8 年前的身体状况进行了对比之后发现，他们现在的身体状况没有任何变化，面容也没有任何改变。"卡尔大叔望着帅帅说道。

"会不会是他们在撒谎？"秀芬好奇地问。

"不会，因为科学家们用测谎仪对他们说的话进行测谎实验，结果测谎仪显示他们都没有说谎。而且，从情理上说，他们不存

在说谎的动机，于是排除了造假的可能性。但是，如果不是造假的话，他们身上发生的事情已经超越了人类现有科学技术和思想能够达到的范畴，那么也就无法用科学进行解释了。"卡尔大叔说。

"难道他们真的进入了时空隧道吗？"史小龙眨着眼睛，他对百慕大越来越感兴趣了。

"关于这件事情，到现在也没有准确的答案，科学家们仍在研究之中。调查人员之一的澳大利亚 UFO 专家哈特曼对此事十分感兴趣，他认为，这件怪事出现的时间差，对于研究第一类世界和第二类世界之间的时间差异问题具有重大意义。这也是研究时空隧道的最好素材，这件事足以引起有关科学家的重视。"

故事一讲完，史小龙就跳了起来，"我也想穿越时空，回到恐龙时代去看恐龙。"

卡尔大叔笑道："这个想法是很好的，但是人类目前所发现的穿越时空的现象都只是一些个案，而且科学家们对时空隧道还只是一种猜测，没有完整的事例能够完全证明时空隧道的存在。再说，时空隧道在没有被人类控制的情况之下，就算我们真的走进了时空隧道，我们也不知道我们将会穿越到哪里，也许有的人回到过去，也许有的人去了未来，这都是说不准的。"

"我相信有一天我们一定能够知道那 6 个人是怎样穿越时空的。"帅帅说完，大家都陷入了沉思。

利雅迪三角

俄罗斯的普斯科夫地区，有一片三角形谷地，从一大片沙漠穿过。山谷里到处都是蕨科植物和灌木林，还有一条弯弯的小溪从中流过。

然而，这个貌似平常的谷地，竟然是当地人眼中最为恐怖的"鬼谷"，人们把那里称为"利雅迪三角"。

据说，利雅迪三角经常会有人失踪。1928 年，在那里，有 7 名伐木工人不见了，连他们用的斧头都没找到；1974 年，7 个采蘑菇的人来到这里也神秘地不见了踪影，两个星期之后，其中的两个人被找到，可他俩都不知道其他 5 个人在什么地方。

第十一章

失而复得的热气球

帅帅继续翻阅那本《时空隧道》，兴奋地道："这里有一个百慕大的故事，名字叫'失而复得的热气球'，我给你们讲讲吧。"大家都说好，于是帅帅讲了起来。

1954 年，在加勒比海上，驾驶员戴历·诺顿和夏里·罗根驾驶热气球和其他参赛者进行热气球越洋比赛。那一天的天气很好，热气球越洋赛进行得十分顺利。罗根和诺顿将许多对手都甩在了后面。

天空中飘满了各种热气球，还有记者坐着直升机跟着拍照和摄像。罗根和诺顿高兴极了，他们时不时朝着摄像机的镜头挥手叫喊，以表达自己的兴奋之情。可是没过一会儿，罗根和诺顿驾驶的热气球却突然消失了。

在场的人发现后，急忙上下查看，但是大家都没有发现他们的踪迹，于是这些人又继续向前飞行。过了很久之后，他们依旧没有发现罗根和诺顿的影子，而后面赶来的人也说没有看到他们。比赛举办方觉得有些不妙，赶紧下令停止比赛，并通知了警方，同时派出打捞公司的人在相关海域进行搜索和打捞，但奇怪的是，罗根和诺顿仿佛从空中蒸发了一样，人们怎么找都找不到。

大家以为事情到此为止了，但直到 1990 年的一天，发生了更为神奇的事情。人们发现，在古巴与北美陆地之间的海面上，突然出现了一个热气球。

这个热气球的出现让古巴人民非常紧张。古巴的飞机驾驶员真米·艾捷度少校描述了当时的场景:"在一分钟之前,天空中什么也没有。可是一分钟后,那里便多了一个热气球,就好像是凭空钻出来的一样。"

当时古巴军方在雷达上发现了这个热气球,以为它是美国派出的秘密武器,会对本国进行军事打击,所以古巴军方派飞机将其击落。

在古巴飞机的追击下,热气球被迫降落在海上。两名驾驶员罗根和诺顿被一艘巡洋舰救起,随后他们被送到古巴一个秘密海军基地受审。

这件事对于这两个驾驶员来说也很奇怪。他们各自回忆说,当时自己正在参加一项热气球比赛,由佛罗里达到波多黎各,他们已经走完一半的路程。突然,他们感觉全身上下有一种刺痛感,就好像是通电了一样。然后,他们一眨眼,发现眼前的天空和大

海都变成了一片灰白色，不过一会儿，一架古巴飞机在他们热气球面前出现了。罗根和诺顿根本不知道时间已经过去了 36 年。

同样的，美国军方调查人员也对两个人进行了彻底的调查，他们发现有些地方存在疑问，但是大致上能够确定两人说的是真话。

美国一位叫卡尔·戈尔的调查员分析了罗根与诺顿的讲话，也调查了 1954 年热气球比赛的情况，这两个人确实在途中神奇地失踪。因此，戈尔推断，这个热气球进入了一条比地球时间更慢的时空隧道。

听完这个故事，秀芬拍手笑了起来："这个故事真有趣，和卡尔大叔讲的那个故事很像。"

卡尔大叔点点头，说："这个故事帅帅讲得很好。孩子们，接下来我们去看一处奇特的景观，一定会让你们大吃一惊的。"

第十二章

水下金字塔

航行器继续在海底潜行，尤丝小姐的声音响起："孩子们，前面就是著名的百慕大海底金字塔，你们到前面来吧，一起看看这座神奇的海底建筑。"

三个孩子兴奋地向驾驶室跑去。到了驾驶室里，尤丝小姐坐在驾驶员的位置上，微笑着指着前方一个巨大的影子道："那就是著名的海底金字塔了，你们看到没有？"

正前方有一个模糊的巨大的影子，由于在水下，所以那个物体看起来很模糊。卡尔大叔让尤丝小姐再把航行器向前行驶，这时候就看得很清楚了——它的确是一座金字塔。这座金字塔十分壮观，航行器在它面前就像站在大象面前的一只小老鼠。

"这里怎么会有一座金字塔呢？"帅帅疑惑地问道。

卡尔大叔笑了笑，开始了一个科学家式的开场白："无数的船只、飞机和人神秘地失踪，为百慕大三角引来了各种科学猜测。其中有一种假设性猜测说，百慕大三角海域底下，可能存在一种磁场，通过磁力的作用，船只或飞机的罗盘相继失灵。还有人说，百慕大三角的南部是消逝的玛雅文明的所在地，所以在此海域下可能掩埋着玛雅文明的某些神秘之物。"

看到三个孩子露出兴奋的神色，卡尔大叔继续

说："这种说法听起来很夸张。可是，之后出现的一则新闻似乎证实了它的可能性。1977 年 4 月 7 日，法新社发自墨西哥的一则电讯说：科学家们发现，在波涛汹涌的百慕大三角区海底，有一座无人知晓的海底金字塔。这座金字塔比埃及的胡夫金字塔还要大。这真是一件奇闻，喏，就是我们眼前看到的这一座。"

"原来在百慕大海底，确实有着神秘之物啊！"秀芬眨着大眼睛，有点激动地说。

"太神奇了，真的太神奇了，这座金字塔有多大啊？"史小龙兴奋地问道。

卡尔大叔笑了，他对孩子们说："别急，听我慢慢给你们讲。"

这座海底金字塔约 200 米高，底边约 300 米长，塔尖到海面只有 100 余米。它的规模比较大，雄伟、壮观，超过了陆地上的古埃及金字塔。这座金字塔上，有两个巨大的洞，海水就从这两个洞口不断地涌，速度极快，形成了

巨大旋涡，海面巨浪滚滚、雾气腾腾。

这个发现令许多人大惑不解：在如此深的海底，为什么会存在这样一个巨型金字塔呢？

有些学者猜测，几百万年前，亚特兰蒂斯人活动的基地之一就是百慕大三角海域，很有可能是长期生活在海底的亚特兰蒂斯人建造了这座海底金字塔。

"什么是亚特兰蒂斯人？"卡尔大叔讲到这里时，秀芬打断了他的话。

"传说中，亚特兰蒂斯人拥有高度发达的史前文明。古希腊哲学家柏拉图在他的著作《对话录》中曾描述过，亚特兰蒂斯人在很久以前，被一场超强的自然灾难毁灭，他们的残骸随着陆地一起沉入海底。所以，很多人推断，这座海底金字塔可能是他们的一个供应库。"卡尔大叔解释说。

在这则新闻不久之后，有一位美国探险家也宣称在同一个海域拍摄到一张旋涡状物体的照片，根据辨认，人们发现，照片中的物体就是原先探险家们发现的"金字塔"。由于照片中的"金字塔"发着白色的光芒，所以有人怀疑它可能是亚特兰蒂斯人建造的武器或者堡垒，这个武器能够吸收和凝集各种奇特的能量，它的内部是一个类似于黑洞的组织，能够产生物质转移和时空错位。但是怀疑归怀疑，这座海底金字塔真有这样神奇的作用吗？它真是远古时亚特兰蒂斯人建造的吗？这些都是至今无法解释的奇谜。

"人们还发现过其他海底金字塔吗？或许，我们可以从其他事例中获得启示呢。"秀芬问。

"就目前而言，人类发现的水下金字塔不下千座，但是大多都能证明是早期建造之后沉入水底的，唯有百慕大海域的水下金字塔，不符合人类历史发展的事实。"卡尔大叔这样解释。

"我觉得……"帅帅凝着眉说，"人们的猜测未必是错的。或许这座金字塔就是亚特兰蒂斯人的'武器'呢。"

卡尔大叔听到后摇了摇头，他接着说出了自己的看法。

"我们都知道，埃及以金字塔闻名于世，但是金字塔却不是埃及特有的产物。除了埃及之外，在今天的秘鲁、洪都拉斯等地，即古代玛雅人活动的区域，也先后发现了金字塔式建筑。人们发现，玛雅人的金字塔和埃及的金字塔在外观上并不一样。玛雅人的金字塔的顶端是平的，而埃及的金字塔是尖顶的；就体积而言，玛雅人建造的金字塔大多比埃及的金字塔要小。

"假设拥有玛雅文明的亚特兰蒂斯人在水底建造了金字塔，那么他们所造出的金字塔应该有着玛雅式平顶，而且这些金字塔的体积应该小一些。但是此次发现的海底金字塔却是埃及式的尖顶金字塔，它的体积也非常庞大，所以亚特兰蒂斯人建造这座海底金字塔的可能性很小。"

"我只关心，金字塔是如何沉入海底的。它会不会是在陆地上建造的，然后沉入海底呢？"一旁的史小龙说。

"史小龙的想法很好。很多研究者认为，这座金字塔原本被建在陆地之上，后来发生了地震，便随着陆地一起沉入海洋，这样就出现了海底金字塔。但是这个说法却无法获得大部分人的认同。大家想一想，仅在短短的数千年中，这块陆地怎么'沉入'得那么深？难道是因为这片陆地下面是一块海底盆地吗？"卡尔大叔并不赞同金字塔下沉的说法。

他停顿了一会儿，继续说："而且，如果金字塔原本存在于陆地之上，然后沉入海中，那么这个金字塔本身会出现一些剥离的现象，而且，它还会因为受到海水的侵蚀而逐渐破败，但是科学家们发现的金字塔却完好无损，几乎没有被海水腐蚀的迹象。"

"难道这座金字塔是在水下建造的吗？"史小龙不解地问。

"也不是，因为以现代科技能力，要在360多米以下的海底建造如此庞大的建筑是不可能的事情。况且，人们又何必在海底修建它呢？它建造的意义何在呢？"许久没有说话的尤丝小姐说道。

"这也不对，那也不对，唉，我真是不知道了。百慕大，真是一个让人费解的地方啊！"史小龙摊开双手，有些无奈地说。

"我在想，那些飞机和船只离奇失踪，会不会与这座海底金字塔有关。"秀芬双手托着下巴，此时，她神色有点凝重。

卡尔大叔微笑了一下，说："这座金字塔是否真的会影响到船只和飞机的航行，具体说不清楚。孩子们，你们说的都是自己的猜测，要想揭开百慕大的各种神奇事件的原因，你们就应该多多学习，扩大自己的知识面，拿出科学根据来。我相信，未来的一天，你们将不会让我失望，一定会揭开这些谜底的！"

第十三章

穿越时空的潜艇

航行器向前方驶进，突然，在它附近出现一艘潜艇。潜艇上还有人向大家挥手，原来他是卡尔大叔的老朋友——美国海军的一位少校，他正在指挥他的潜艇完成一项军事任务。

卡尔大叔望着远去的潜水艇，回过头对孩子们道："孩子们，我忽然间想起一个有关潜水艇的故事，你们想听吗？"

孩子们都点点头，于是卡尔大叔讲了起来。

整件事非常奇怪。一天，一艘苏联的潜水艇正航行在百慕大海域水底，突然间，一切都不正常起来。当浮上水面时，这艘潜水艇竟然是在印度洋的海面上，而前后的时间不过一分钟。

这事情震惊了苏联当局，他们无法想象为什么潜艇会在一分钟之内从大西洋穿越到印度洋。难道这艘潜水艇穿越了时空吗？

让人感到惊奇的是，在这短短的一分钟之内，这艘潜艇的93名船员竟然全部衰老了5~20岁。他们中有许多人，在一分钟前还是活力四射的青壮年，而在一分钟之后，他们居然长出了白发，还出现了皱纹，他们的肌肉失去了弹性，视力也衰退了许多。有些人明显感到浑身乏力，反应变得迟钝。一分钟以前和一分钟以后，感觉自己像是一个灵魂，从青年的身体游离进入了中老年人的身体。

此事发生后，苏联的军方和科学界联合展开调查，他们认真地检查了潜艇，并询问有关人员当时的经过，最终列出三份报告。其中一位研究人员认为："这艘潜艇可能进入一个时空隧道之中。我们对此知道的并不多，但是除了这个解释，我们找不到别的理由来解释这件事情。"

他还表示："在穿越时空的时候，速度对人体究竟有多大的影响，这种影响是怎么进行的，我们并不知道，我们只知道它对身体的某些部位影响比较大，而那些船员在这么短的时间内骤然衰老，这是我们从未见过的。"

这艘潜艇的指挥官回忆起这件事，他说："事情发生的时候，我们正在执行任务，开始时一切都十分正常。突然之间，潜艇沉下去了，我们都不知道是什么原因造成的，大家都很紧张。一分钟之后，潜艇又恢复了正常。我感觉有点不对劲，于是赶紧让潜艇浮出水面，但是神奇的是，我们居然不在百慕大海域了，而是在印度洋，这也就是说，我们在短短的时间内，迅速移动了10000多千米的距离。真令人感到不可思议。"

这些船员所经历的事告诉我们，在百慕大海域的某一处领域，可能存在一个比地球时间还快的时空隧道。但是，如果真的存在这样一个时空隧道，那么为什么在另外一些事件里面，当事人却没有衰老的迹象呢？

所有的案例总的来说可以分成两种：第一种，当事人穿越了时间到了另外一个时空，但是当事人本身没有任何变化。第二种，当事人穿越到了另外一个空间，或者依旧停留在原地，但是他们却有了明显的衰老痕迹和特征。如果说真的存在时空隧道，那么这条

时空隧道是怎样一个形态呢？莫非它可以分别做到两种不同的穿越形态？

"那些变老了的人真可怜。"秀芬忽然说，"难道就没有什么办法让他们再变回年轻的样子吗？"

卡尔大叔摇摇头，"这就没有办法了，如果可以把他们变回年轻的样子，那么岂不是每个人都可以返老还童了吗？好了，孩子，不要难过了，这只是百慕大无数神奇故事中的一个，到底能不能穿越时空，现在还解释不清楚，或许以后科学发展到了一定程度，我们就能找到答案了。"

骷髅海岸

在古老的纳米比亚沙漠和大西洋冷水域之间，有一条长约 500 千米的海岸线，人们称它为"骷髅海岸"。这条海岸终日被烈日暴晒，看起来十分荒凉，同时又十分美丽，人们经常能在这里发现海市蜃楼的奇观。

但是，在这种美景的背后却危险重重。这里的水流经常将小船扯得粉碎，呼啸而过的八级大风能吹断大船的主桅，经常出现的迷雾，使船只失去方向……据说，许多船员就算逃离了大海的追杀，但是上了岸却又被风沙慢慢折磨致死。骷髅海岸到处都是各种沉船残骸，因此葡萄牙海员又把它称为"地狱海岸"。

第十四章

神秘出现的士兵

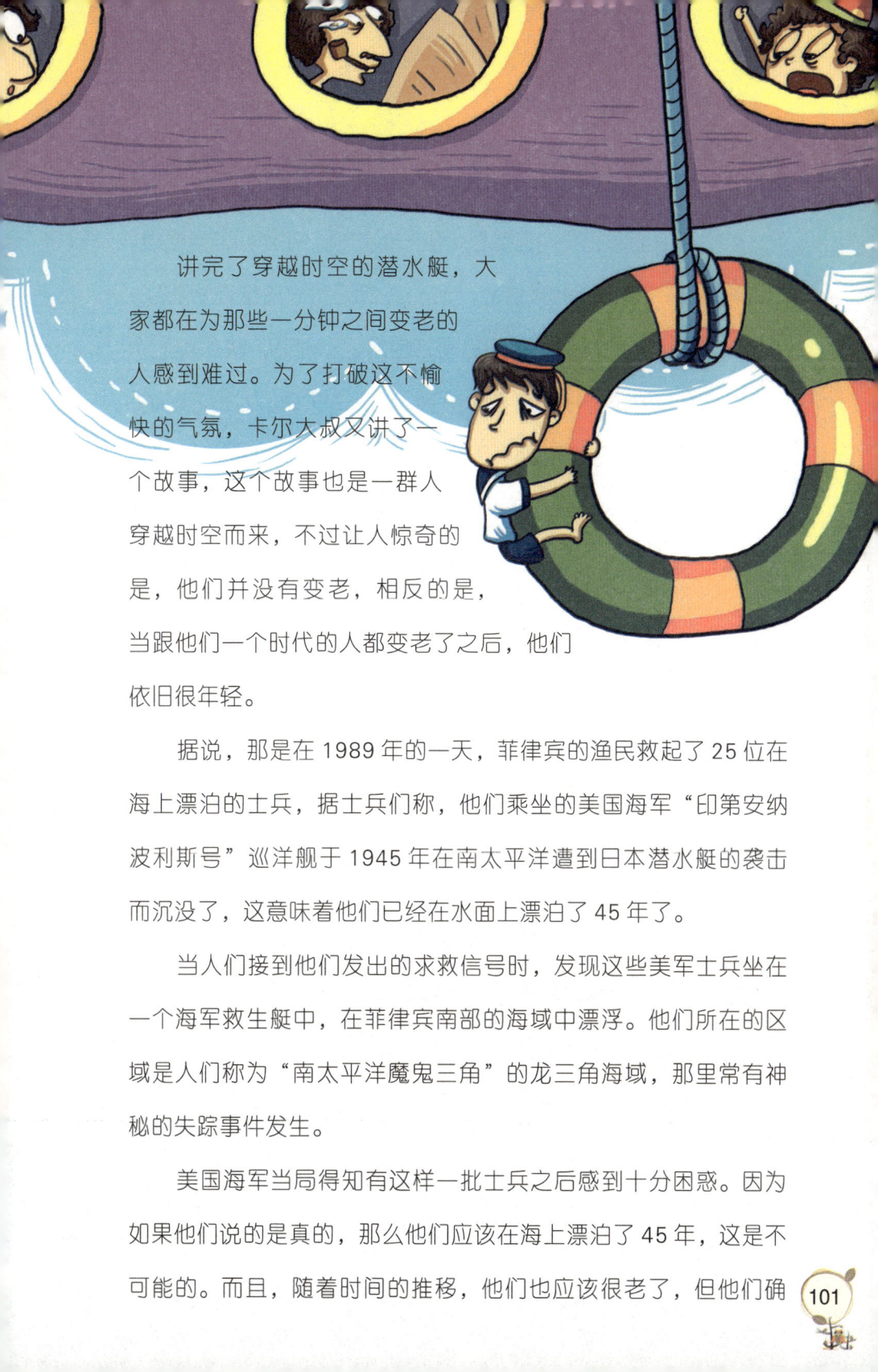

讲完了穿越时空的潜水艇，大家都在为那些一分钟之间变老的人感到难过。为了打破这不愉快的气氛，卡尔大叔又讲了一个故事，这个故事也是一群人穿越时空而来，不过让人惊奇的是，他们并没有变老，相反的是，当跟他们一个时代的人都变老了之后，他们依旧很年轻。

据说，那是在 1989 年的一天，菲律宾的渔民救起了 25 位在海上漂泊的士兵，据士兵们称，他们乘坐的美国海军"印第安纳波利斯号"巡洋舰于 1945 年在南太平洋遭到日本潜水艇的袭击而沉没了，这意味着他们已经在水面上漂泊了 45 年了。

当人们接到他们发出的求救信号时，发现这些美军士兵坐在一个海军救生艇中，在菲律宾南部的海域中漂浮。他们所在的区域是人们称为"南太平洋魔鬼三角"的龙三角海域，那里常有神秘的失踪事件发生。

美国海军当局得知有这样一批士兵之后感到十分困惑。因为如果他们说的是真的，那么他们应该在海上漂泊了 45 年，这是不可能的。而且，随着时间的推移，他们也应该很老了，但他们确实是一群年轻的小伙子。

　　然而，这些获救的美国士兵坚持认为自己只在海上漂流了9天，他们甚至能够完整地描述整个漂流的过程。在他们的回忆中，他们漂流在一望无际的大海上，他们感觉天和大海融在一起了，在那9天里，他们都没有看到日出，也忘记了时间。救生艇上有一个指南针，但是它根本起不到作用。直到9天后，他们才获救，但是他们根本不知道自己处于什么地方。

　　在事后的询问中，几个士兵说他们在漂流过程中也明显地感觉到事情有些不对劲，但是具体哪里不对劲，士兵也说不出个所以然，他们一直拒绝接受自己在海上漂流45年的事实，因为他们的容貌没有发生任何改变。

　　的确如此，这25个人的身体并没有发生任何变化，他们的精神状态很好，依旧像45年前一样年轻，时间在他们身上好像没有起到什么作用，而实际上地球时间已过去了45年。

　　"'印第安纳波利斯号'巡洋舰的沉没是美军历史上最不幸的事件之一。据说，那艘巡洋舰从美国圣弗朗西斯科（旧金山）起航，舰上载有一些秘密货物，还载有近1200名官兵。突然，巡洋舰遭到 5 颗水雷的拦阻袭击，然后沉没于大海。而此次海难仅有 25 人获救，其余那些人去了哪里，是否还活着，这些都没有人知道。其余的人会不会也和他们一样，在若干年后再出现，谁也说不准。"卡尔大叔意味深长地说。

"除了他们进入时空隧道外，我想不出别的原因。"帅帅皱起了眉头。

"如果真有时空隧道，那么我们按照士兵所说的 9 天比 45 年来计算，当时巡洋舰的航行速度至少应该达到每秒 840 千米。"

"好快的速度。"史小龙感叹道，紧着他又问："卡尔大叔，如果人类制造的机器有一天真的能够超越光速，那是否意味着我们就可以穿梭时空了呢？"

卡尔大叔微笑着说："按照爱因斯坦的相对论来说应该是这样的。如果有一天，人类真的制造出了超越光速的机器，具体的情形会是什么样的，我就不得而知了。"

第十五章

真实存在，
还是惊天谎言

这一天的旅行让他们收获不小，他们不仅大饱眼福，还听到了许多有趣的故事，更可贵的是学到了许多有益的知识。

但是秀芬好像还是不满足，她似乎有什么话想说，却又一直没说。卡尔大叔见状便问道："秀芬，你好像有什么要说的，为什么不说出来呢？"

秀芬想了想说："经过这一天的旅行，我真的感觉到百慕大是一个神奇的地方，但是我在昨天出发前看了很多资料，现在对比一番，感觉好像有些资料写得其实并不准确，而且好像是故意夸大了百慕大的神秘。我一直有这个想法，但是又怕说出来扫了大家的兴。"

卡尔大叔笑起来，他摸了摸秀芬的脑袋，赞叹道："真是个聪明的孩子，科学需要严谨的态度，学习知识也是一样。你说得非常对，百慕大的确有许多神秘事件，但是神秘的背后可能是人们有意的炒作和夸大。如果你将来要从事科学研究工作，这种质疑的精神是十分必要的。好吧，孩子们，我们就来说说百慕大是否真的有一些谎言的成分在里面，再看看是谁说了这些谎言，谁又在质疑这些事情。"

卡尔大叔接着讲了起来。

发生在百慕大的事件，有一些确实存在着炒作。早在1950年的时候，一位名叫琼斯的作者发表了一篇文章，开始大肆宣扬在佛罗里达州海岸以及百慕大之间，船只和飞机神秘失踪的消息，从这以后，百慕大才逐渐进入公众的视野。这篇文章的作者琼斯可以被称为"百慕大魔鬼三角之父"，对百慕大的夸张渲染就是从他开始的。

1952年的时候，一位名叫乔治·桑德的作家在杂志上发表了一篇文章，大肆宣扬百慕大一带的各种神秘失踪案件。在这之后各种关于百慕大神秘现象的书籍就大量出现了，在那个年代，人们对于未解之谜、神秘事件总是抱着很重的好奇心，这便

给一些不负责任的作者和作家以胡编乱造的机会。

而渲染最为过分而且遭到最多质疑的人是一位名叫伯利兹的作家。在 1974 年的时候，他出版了一本名为《百慕大三角》的书，这本书夸大描述了百慕大事件，把大量原本有据可查的事件描述得扑朔迷离。由于大众对各种神秘现象的喜爱，这本书很快成为畅销书，卖出了 500 万册，百慕大也因此一举成名了。

但是伯利兹在书中的很多说法受到人们的质疑，特别是他对"19 飞行中队"神秘失踪事件的描述，引发了很多对他的批判。

比如，伯利兹在书中宣称，"19 飞行中队"是非正常消失的，到最后连飞机残骸都没有找到；他还谈到了"复仇者"鱼雷轰炸机，说它可以很长时间漂浮在水面

上，如果根据报道说的第二天天气晴朗、海面平静的话，是可以找到飞机残骸的，但是不仅没有任何发现，连派去搜救的水上飞机也失踪了。伯利兹的描述，使得百慕大在世人眼中更具有神秘色彩。

伯利兹书中有许多情节和信息都是正确而真实的，但是他也故意忽略了许多信息，比如当时从事飞行任务的并不是经验丰富的战斗机驾驶员，而是一队初学者。"复仇者"轰炸机可以漂浮在水面上，但是并不适合直接迫降到水面上去，初学者更不可能完成这种高难度的操作。

而且，后来派去进行搜救活动而失踪的水上飞机，也被当时路经此地的船员们证实是在空中发生了爆炸，但是伯利兹对此只字未提。

在这不久之后，伯利兹又散布谣言说在百慕大水底发现了巨大的水底金字塔，他声称金字塔就是导致飞机和船只失事的罪魁祸首。但是尽管后来的确在该区域发现了金字塔，而在当时伯利兹并没有这样的发现，他更不可能由此断言，金字塔与失踪的飞

机和船只有什么样的关系。

　　在这之后，对百慕大神秘事件持质疑态度的作家库舍提出和伯利兹打赌，他们分别把 10000 美金存入银行中，然后请求美国地理联合会等权威机构对发现的金字塔进行认证，如果确有其事，库舍愿意把 10000 美金给伯利兹。如果证明是谎言，伯利兹就必须支付 10000 美金给库舍。

　　但是这件事情的结果让人大跌眼镜，曾经一口咬定百慕大海域海底有金字塔，而且认定金字塔是导致船只飞机失事原因的伯利兹，在打赌的截止日期前一周宣布他不愿意和库舍打这个赌，这就直接宣告了他所说的话只是谎言，也等于承认了在此之前他的书中所说的关于海底金字塔影响船只、飞机失事的说法都只是信口开河。

　　除了伯利兹的这本书之外，还有一些人对百慕大进行了大力的渲染。百慕大的那些旅游公司为了吸引来自全世界的游客，不惜说谎作假。他们邀请了许多作家和写手编写文章大肆渲染百慕大的神秘，将百慕大说得神奇无比，没有任何科学解释。这些旅游公司为了利益和金钱，已经完全不顾事实。

"事实上，在找到了足够的资料以后，大多数发生在百慕大三角的事故都能有合理的解释。有的是船体结构本身有缺陷，加上在出行时遇到了坏天气，比如飓风等，进而出现了事故。"卡尔大叔说。

他停顿了几秒钟，总结说："有一些人为了达到自身的目的，将一些事故的关键细节做了改编，同时，一些明显发生在其他地方的事故也被编入了百慕大。甚至，有些人恶意杜撰了一些发生在百慕大的事件。渐渐地，百慕大引起了全世界各国人民的极大关注。"

长满生物的"污染湖"

夏威夷群岛东南部有一个特鲁克潟湖，在第二次世界大战期间有许多军舰在这个湖中沉没了，那些军舰上面都载有大量的石油、化学用品以及还没有爆炸的武器。然而，尽管湖中有许多污染物，却有大量的珊瑚和海洋生物在该湖的湖底繁衍生殖，这一点让许多科学家都迷惑不解。

慢慢的，这里成为深海潜水爱好者的天堂。不幸的是，很多潜水者潜到湖底之后就没能再上来。

第十六章

百慕大三角之谜
——已解

卡尔大叔讲到这里，三个孩子非常生气。史小龙最先嚷嚷起来："他们怎么能这么造假呢？这不是骗人吗？"

　　帅帅也生气地说："难道就没有人站出来说真话吗？"

　　卡尔大叔笑着说："既然有人造假，肯定也有人站出来打假，其中最出名的就是我刚才跟你们说的和伯利兹打赌的那位库舍先生。"

　　"卡尔大叔，快跟我们讲讲这位打假的库舍先生吧。"史小龙催促道。

　　"好的。"卡尔大叔点点头，兴高采烈地讲述起来。

　　这位库舍先生曾经是一名图书馆的管理员，在"19飞行中队"失踪事件发生以后，许多学生找他借阅百慕大三角的资料。于是库舍对百慕大越来越感兴趣，他联合亚利桑那州立大学，着手研究之前的各种报告。在这不久之后，伯利兹的《百慕大三角》一

书出版了，库舍读后发现很多错误，他看出伯利兹为了使自己的书更加畅销，于是将许多事情夸大化了，他也发现伯利兹在书中歪曲了很多事实，于是就发生了他和伯利兹打赌的事情。在 1975 年的时候，库舍出版了《百慕大三角之谜——已解》一书，将他的研究公之于众。

在书中，库舍对伯利兹的许多错误观点进行了驳斥，比如曾经驾驶游艇环游世界的唐纳德船长失踪事件，在《百慕大三角》被伯利兹写成了谜团，可是实情是，唐纳德因伪造航海账目而自杀；还有"独眼巨人号"事件，伯利兹在书中说，它驶出大西洋港口后三天就不见了，而库舍经过调查发现，这艘船是在太平洋的港口失踪的；伯利兹把许多发生在其他地区的一些神秘事件都移花接木，安在了百慕大身上，库舍在他自己的书中将这些错误

——列举了出来。

在《百慕大三角之谜——已解》一书中，库舍提出了10个结论：

第一，许多所谓的神秘事故在找到足够的资料以及进行充分的论证之后都是可以解释的，它本身并不神秘。

第二，有一些所谓的"事故"根本就只是"故事"，很多关键细节甚至整个事故都是好事者虚构出来的。

第三，许多发生在别的地方的事件也被很多作家或记者安排在百慕大三角，船只和飞机失踪事件全球各地都有发生，但是如果把所有事件都放在百慕大三角中去，这本身就是一种谎言。

第四，有一些失踪的船只的航线经过了百慕大三角，但是我们并不知道它们是否是在那里失踪的。

第五，在很多个事故中，飞机和船只的失踪地点是未知的，搜索者不得不被要求在更广阔的海域进行搜索，这样找到飞机和船只残骸的可能性就会很小了。

第六，许多事件在发生的当时并不神秘，而在很多年后却被鼓吹者们说得神乎其神。但是很少有鼓吹者敢对刚发生不久的事件进行鼓吹，他们常常寻找"无头案"进行渲染。

第七，糟糕的天气是造成百慕大海难和空难的一个重要原因。百慕大并不像传说中那样永远风和日丽，这一点常常被百慕大神

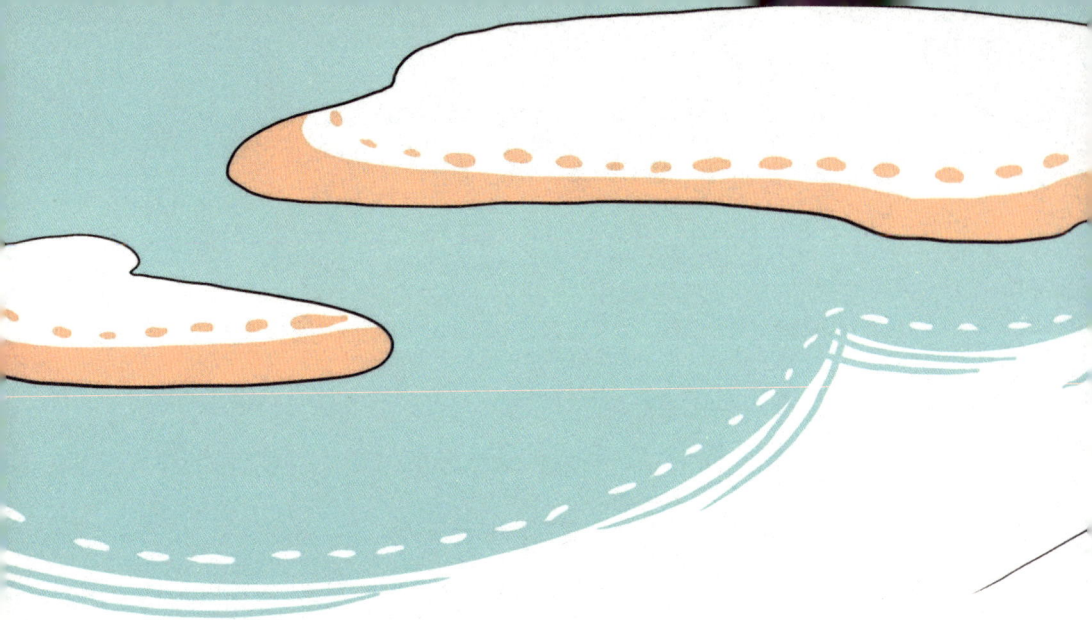

秘事件鼓吹者们故意篡改。

　　第八，很多事故发生时间都是在下午或者晚上，那么救援人员进行救援就必须要到第二天甚至更晚的时间，这是导致失事船只和飞机残骸难以寻找的一个原因。

　　第九，很多作家和记者在介绍百慕大事故的时候并没有进行实地调查，也没有进行各种资料的整合，而是引用了其他作者的故事。

　　第十，对很多事故进行介绍的时候，鼓吹者故意隐瞒了那些对失踪事件起到重要作用的细节，以致于很多事故变得神奇。

　　讲到这里，卡尔大叔感叹道："百慕大是一个神奇的地方，这里不仅风景优美，而且在历史上也具有重要的意义。我们需要一个真实的百慕大，我们更希望人们拨开那些迷雾，去探索百慕大

的真面目，而不是以讹传讹，把百慕大说得神乎其神，完全无法用科学去解释。"

"卡尔大叔说得没错！"尤丝小姐微笑着说，"无论是科学工作还是学习知识，都是严肃、认真的事，来不得半点虚假，我们应该有求真、求实的精神。"

"我们赞同这种观点。"三个孩子齐声说道。

卡尔大叔笑着点点头，对身边的尤丝小姐说："我们该启程回家了，孩子们，我们一起和百慕大说再见吧！"

三个孩子对着窗外的景色齐声道："再见，神奇的百慕大。"

航行器迅速地飞上高空，消失在百慕大的天空里。